吳燦銘 著

博碩文化

Power BI.
× ChatGPT

暢銷回饋版

職場
競爭力
UP

實作大數……析
與商……設計

U0086856

讓ChatGPT來增進
Power BI資料分析
的效率

滿足讀者一次了解
Power BI三大平台
的功能特點

 Email

 Analysis

 Design

 Cloud

融會貫通
大數據資料分析
利器，提高自身
商務職場價值

依循step by step的
步驟引導，降低學
習過程的障礙

範例檔案請至博碩官網下載

本書如有破損或裝訂錯誤，請寄回本公司更換

作　　　者：吳燦銘
編　　　輯：Cathy、魏聲圩

董 事 長：曾梓翔
總 編 輯：陳錦輝

出　　　版：博碩文化股份有限公司
地　　　址：221 新北市汐止區新台五路一段 112 號 10 樓 A 棟
　　　　　　電話 (02) 2696-2869　傳真 (02) 2696-2867

發　　　行：博碩文化股份有限公司
郵撥帳號：17484299　戶名：博碩文化股份有限公司
博碩網站：http://www.drmaster.com.tw
讀者服務信箱：dr26962869@gmail.com
訂購服務專線：(02) 2696-2869 分機 238、519
（週一至週五 09:30 ～ 12:00；13:30 ～ 17:00）

版　　　次：2024 年 5 月二版一刷
　　　　　　2024 年 10 月二版三刷

建議零售價：新台幣 600 元
I S B N：978-626-333-862-3
律師顧問：鳴權法律事務所 陳曉鳴律師

國家圖書館出版品預行編目資料

Power BI X ChatGPT：實作大數據篩選分析與商
業圖表設計 / 吳燦銘著 . -- 二版 . -- 新北市：博碩
文化股份有限公司 , 2024.05
　　面；　公分

ISBN 978-626-333-862-3(平裝)

1.CST: 資料探勘 2.CST: 商業資料處理
3.CST: 機器學習

312.74　　　　　　　　　　　　　113006478
Printed in Taiwan

博碩粉絲團　歡迎團體訂購，另有優惠，請洽服務專線
(02) 2696-2869 分機 238、519

序

Power BI 是一套商務數據分析工具，可以結合各種資料來源，收集資料並整理成視覺化的分析報表，並以互動式視覺效果呈現，而這些圖文並茂的報表，有助於各種行業的商務決策判斷。

目前 Power BI 三大平台分別為：Power BI 雲端平台、Power BI Desktop（桌面應用程式）及行動裝置適用的 Power BI Mobile（適用 iOS、Android、平板等）。我們可以將 Power BI Desktop 桌面應用程式所產生的報表發佈到 Power BI 雲端平台，再透過各種平台的電腦或行動裝置的瀏覽器查看報表，讓各位能夠輕鬆在 Web 及行動裝置上，共用與檢視所產生的精美分析報表。

本書筆者的寫作思維是以入門者的角度，以方便學習者跟著實作範例為本書的呈現風格，並於各個範例的操作講解過程中，介紹許多 Power BI 相當實用的功能。不僅在學習過程中，可以有一個完整的範例指引，還可以透過系統的安排，進而學習 Power BI 精要功能與絕活技巧。本書各章精彩篇幅如下：

- 大數據與 Power BI 贏家淘金術
- 第一次使用 Power BI 就上手
- 圖表視覺元件編輯與優化
- Power Query 資料整理真命天子
- 視覺效果應用專題—以股票操作績效統計分析為例
- 探索資料、篩選與資料分析
- Power BI 工作絕活不藏私
- 雲端與行動平台超前部署
- 讓 ChatGPT 來增進 Power BI 資料分析的效率
- Excel 資料整理工作指引

OpenAI 推出免費試用的 ChatGPT 聊天機器人，它不僅僅是個聊天機器人，還可以幫忙回答各種問題，例如寫程式、寫文章、寫信…等，本書加入了「讓 ChatGPT 來增進 Power BI 資料分析的效率」，精彩內容如下：

- 人工智慧的基礎
- 認識聊天機器人
- ChatGPT 初體驗
- ChatGPT 正確使用訣竅
- 如何透過 ChatGPT 輔助 Power BI 的資料視覺化任務
- ChatGPT 能給予 Power BI 的用戶什麼協助
- 使用 ChatGPT 編寫 DAX 公式
- 使用 ChatGPT 編寫 Power Query 公式
- 使用 ChatGPT 編寫 SQL 查詢
- 藉助 ChatGPT 整合 Power Automate 和 Power BI

最後筆者希望各位在學習本書內容後，可以將 Power BI 的功能融會貫通，並活用在日常生活或者職場應用。無論未來 Power BI 版本如何變更，基本的功能應該不會有太大的變化，在此也祝福各位有個輕鬆而又愉快的 Power BI 學習之旅。

雖然本書在校稿時力求正確無誤，但仍惶恐有疏漏或不盡理想的地方，希望各位不吝指教。最後筆者深切期盼各位在本書的學習過程中，能輕鬆掌握 Power BI 的重要功能。在此更希望各位學會各項功能後，也可以舉一反三，將這套互動式視覺化的資料分析利器，應用於課程學習或商務決策。

▶ 本書範例的使用說明

本書範例檔案請到博碩文化股份有限公司官網 http://www.drmaster.com.tw/ 下載，取得範例檔後請解壓縮，並請在 C 槽硬碟新增一個「PBI 範例檔」資料夾，再將解壓縮後所取得的本書各章範例檔，放在這個新建的資料夾檔中，如此才可以正確連結並開啟本書所提供的 Power BI 報表檔 (*.pbix)。請各位參考下圖的範例檔存放路徑的示意圖：

目錄

01 大數據與 Power BI 贏家淘金術

02 第一次使用 Power BI 就上手

03 圖表視覺元件編輯與優化

04 Power Query 資料整理真命天子

05 視覺效果應用專題──以股票操作績效統計分析為例

06 探索資料、篩選與資料分析

07 Power BI 工作絕活不藏私

08 雲端與行動平台超前部署

A　Excel 資料整理工作指引

大數據與 Power BI
贏家淘金術

由於互聯網和行動裝置的蓬勃發展，現代人的生活圈幾乎離不開智慧型手機與網路，使用者每次使用網頁服務或社交軟體都會留下大量數位足跡，網站則把這些資料做一步分析使用，這龐大的資料稱為大數據。

大數據時代的到來，翻轉了現代人們的生活方式，自從 2010 年開始全球資料量已進入 ZB（zettabyte）時代，並且每年以 60%~70% 的速度向上攀升，不斷擴張的巨大資料量，亦以驚人速度不斷地創造大數據，也為各種產業的營運模式帶來新契機。例如透過即時蒐集用戶的位置和速度，經過大數據分析，Google Maps 就能快速又準確地提供用戶即時交通資訊，其他大數據資訊技術，也能幫助衛星導航系統建構完備即時的交通資料庫，甚至大數據相關的資料探勘技術，也在美國的競選活動中提供大量的參考資訊。

透過大數據分析就能提供用戶最佳路線建議

巨量資料議題的崛起,不斷地推動著這個世界往前邁進,「資料」在未來只會變得越來越重要,涉入我們生活的程度越來越深,也帶動了資料科學應用的需求。在尚未開始說明巨量資料之前,我們先來簡單介紹資料科學。

所謂「資料科學」(Data Science)實際上其涉獵的領域是多個截然不同的專業領域,也就是在模擬決策模型。資料科學可為企業組織解析巨量資料當中所蘊含的規律,亦即研究從大量的結構性與非結構性資料中,透過資料科學分析其行為模式與關鍵影響因素,來發掘隱藏在巨量資料背後的商機。

資料科學的最基本元素是資料,或者稱為數據(台灣通常翻譯成「資料」,中國翻譯成「數據」)。所謂資料(data),指的就是一種未經處理的原始文字(word)、數字(number)、符號(symbol)或圖形(graph)等,它所表達出來的是一種沒有評估價值的基本元素或項目。例如姓名或我們常看到的報紙上的文字、學校的功課表、員工出勤表等等、通訊錄等等都可泛稱是一種「資料」。

通常依照計算機中所儲存和使用的對象,我們可將資料分為兩大類,一為「數值資料」(numeric data),例如 0, 1, 2, 3…9 所組成,另一類為「文數資料」(Alphanumeric Data),像 A, B, C…+,* 等非數值資料(non-numeric data)。資料又可以區分為:結構化資料(structured data)與非結構化資料(unstructured data)。

1-1-1 結構化資料

結構化資料(structured data)的特性是目標明確,有一定規則可循,每筆資料都有固定的欄位與格式,偏向一些日常且有重覆性的工作,例如薪資會計作業、員工出勤記錄、進出貨倉管記錄,通常一般商業交易所使用的資料大抵是以結構化資料為主。

姓名	性別	生日	職稱	薪資
李正銜	男	61/01/31	總裁	200,000.0
劉文沖	男	62/03/18	總經理	150,000.0
林大牆	男	63/08/23	業務經理	100,000.0
廖鳳茗	女	59/03/21	行政經理	100,000.0
何美菱	女	64/01/08	行政副理	80,000.0
周碧豫	女	66/06/07	秘書	40,000.0

▲ 員工個人資料表就是一份結構化資料

1-1-2 非結構化資料

非結構化資料（unstructured data）隨著科技型態快速改變，導致資料爆增速度變快，人類活動的軌跡越來越能夠被詳實記錄，目標不明確，不能數量化或定型化的非固定性工作、讓人無從打理起的資料格式，所有的資料，最初本質就是非結構式的，網路走過必留痕跡，例如社交網路的互動資料、網際網路上的文件、影音圖片、網路搜尋索引、Cookie 記錄、醫學記錄等資料。

> 📖 資訊小幫手
>
> Cookie 是網頁伺服器放置在電腦硬碟中的一小段資料，例如用戶最近一次造訪網站的時間、用戶最喜愛的網站記錄以及自訂資訊等，這些資訊可用於追蹤人們上網的情形，並協助統計人們最喜歡造訪何種類型的網站。

1-2 資料倉儲與資料探勘

「資料倉儲」（Data Warehouse）與「資料探勘」（Data Mining）都是資料科學的核心技術之一，兩者的結合可快速有效地從大量整合性資料中，分析出有價值的資訊，有效幫助建構商業智慧（Business Intelligence, BI）與決策制定。

商業智慧（Business Intelligence, BI）最早是在 1989 年由美國加特那（Gartner Group）分析師 Howard Dresner 提出，是企業決策者決策的重要依據，屬於資料科學技術的一個領域，主要是利用線上分析工具與資料探勘技術來萃取、整合及分析企業內部與外部各資訊系統的資料，目的是為了能讓使用者能在決策過程中，即時解讀出企業自身的優劣情況。

1-2-1 資料倉儲

由於企業在今日變動快速又充滿競爭的經營環境中，許多企業為了有效的管理運用這些資訊，紛紛建立資料倉儲（Data Warehouse）模式來收集資訊以支援管理決策。資料倉儲於 1990 年由 Bill Inmon 首次提出，是以分析與查詢為目的所建置的系統，希望整合企業的內部資料，並綜合各種外部資料，經由適當的安排來建立一個資料儲存庫，使作業性的資料能夠以現有的格式進行分析處理。

巨量資料和資料倉儲的相同處是處理和儲存大量的資料，可以看成是一種儲存大量資料的資料庫，並且從各種數據資料中找出線索、趨勢以及可能的商業訊息，在過去傳統的資料倉儲以「資料集中」為基本概念，雲端運算時代巨量資料的核心理念是強調「分散運用」管理，必須讓企業的管理者能有系統的組織已收集的資料，並將來自不同系統來源的營運資料作適當的組合彙總分析，可以做到跨資料來源的整合，使不同資料庫的資料彼此對應連結。

資料倉儲通常可使用線上分析處理（OLAP）技術建立多維資料庫（Multi Dimensional Database），這有點像試算表的方式，透過資訊系統自動化的轉換，整合各種資料類型，日後可以設法從大量歷史資料中統計、挖掘出有價值的資訊，有效的管理及組織資料，以減少人工交換檔案出錯的可能性，進而幫助決策的建立。

大數據與 Power BI 贏家淘金術

線上分析處理（Online Analytical Processing, OLAP）可被視為是多維度資料分析工具的集合，使用者在線上即能完成的關聯性，或多維度的資料庫（例如資料倉儲）的資料分析作業，並能即時快速地提供整合性決策，主要是提供整合資訊，以做為決策支援為主要目的。

1-2-2 資料探勘

巨量資料在當今最關鍵的問題是如何從繁而雜的資訊中找出真正有用的部分，資料倉儲常會與資料探勘、商業智慧相提並論，資料探勘（Data Mining）是在 90 年代初興起的名詞，後來經過了十幾二十年的發展，無論是方法（methods）還是工具（tools）都已經相當豐富且有完善的整合。資料探勘是資料庫知識發現（Knowledge-Discovery in Databases, KDD）中的一個步驟，是利用分析技術來發掘資料間未知的關聯性與規則，可以從一個大型資料庫所儲存的資料中建立模型（model），並從中找出隱藏的特殊關聯性與萃取出有價值的知識，主要是利用自動化或半自動化的方法，從大量資料中探勘、分析發掘出有意義的模型以及規則，亦即將資料轉化為知識的過程，可視為資料庫中知識發掘的一種工具。

▲ 資料探勘就是在巨量資料中挖掘寶物的相關技術

資料探勘技術係廣泛應用於各行各業中，常會搭配其他工具使用，例如利用統計、人工智慧或其他分析技術，找到一個最合適的方法或演算機制，產生出最符合目標的預測，嘗試在現存資料庫的大量資料中進行更深層分析，現代商業及科學領域都有許多相關的應用。

對於企業界而言，資料探勘的基本理念是假設顧客過去的消費行為可作為未來採購意願的指標與提供決策過程之用，資料倉儲與資料探勘的共同結合可幫助建立決策支援系統（Decision Support System, DSS），以便快速有效的從大量資料中，自動地發掘出隱藏在龐大資料中各種有意義的資訊。

「決策支援系統」（Decision Support System, DSS）的主要特色是利用「電腦化交談系統」（Interactive Computer-based system），協助企業決策者使用「資料與模式」（Data and Models），來解決企業內的「非結構化問題」。對於 DSS 的功能而言，是在於支援決策，而並不能取代決策。

1-3 大數據的特性與應用

近年來由於社群網站和行動裝置風行，加上萬物互聯而產生大量的數據，使用者瘋狂透過手機、平板電腦、電腦等，在社交網站上大量分享各種資訊，許多熱門網站擁有的資料量都上看數 TB（Terabytes，兆位元組），甚至上看 PB（Petabytes，千兆位元組）或 EB（Exabytes，百萬兆位元組）的等級。因此沒有人能夠告訴各位，超過哪一項標準的資料量才叫大數據，如果資料量不大，可以使用電腦及常用的工具軟體慢慢算完，就用不到大數據資料的專業技術，也就是說，只有當資料量巨大且有時效性的要求時，適合應用大數據技術進行相關處理。

為了讓各位實際了解大數據資料量到底有多大，我們整理了大數據資料單位如下，提供給各位作為參考：

1Terabyte = 1000 Gigabytes = 1000^9 Kilobytes

1Petabyte = 1000 Terabytes = 1000^{12} Kilobytes

1Exabyte = 1000 Petabytes = 1000^{15} Kilobytes

1Zettabyte = 1000 Exabytes = 1000^{18} Kilobytes

大數據與 Power BI 贏家淘金術

1-3-1 大數據的特性

大數據涵蓋的範圍太廣泛,每個人對大數據的定義又各自不同,維基百科的定義係指,大數據是無法使用一般常用軟體在可容忍時間內進行擷取、管理及處理的大量資料,我們可以這麼簡單解釋:大數據其實是巨大資料庫加上處理方法的一個總稱,是一套有助於企業組織大量蒐集、分析各種數據資料的解決方案,並包含以下三種基本特性:

● **巨量性(Volume)**:現代社會每分每秒都在生成龐大的數據量,堪稱是以過去的技術無法管理的巨大資料量,資料量的單位可從 TB 到 PB。

● **速度性(Velocity)**:隨著使用者每秒都在產生大量的數據回饋,更新速度也非常快,資料的時效性也是另一個重要的課題,技術也能做到即時儲存與處理。我們可以這樣形容:大數據產業應用成功的關鍵在於速度,往往取得資料時,必須在最短時間內反映,立即做出反應修正,才能發揮資料的最大價值,否則將會錯失商機。

● **多樣性(Variety)**:大數據資料的來源包羅萬象,例如存於網頁的文字、影像、網站使用者動態與網路行為、客服中心的通話記錄,資料來源多元及種類繁多。巨量資料課題真正困難的問題在於分析多樣化的資料,彼此間能進行交互分析與尋找關聯性,包括企業的銷售、庫存資料、網站的使用者動態、客服中心的通話記錄;社交媒體上的文字影像等企業資料庫難以儲存的「非結構化資料」。

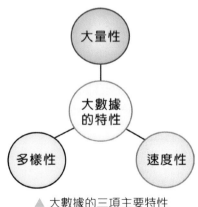

▲ 大數據的三項主要特性

1-3-2 大數據的應用

大數據現在不只是資料處理工具,更是一種企業思維和商業模式。大數據揭示的是一種「資料經濟」的精神。長期以來企業經營往往仰仗人的決策方式,往往導致決策結果不如預期,日本野村高級研究員城田真琴曾經指出,「與其相信一人的判斷,不如相信數千萬人的資料」,她的談話一語道出了大數據分析所帶來商業決策上的價值,因為採用大數據可以更加精準的掌握事物的本質與訊息。

行動化時代讓消費者與店家間的互動行為更加頻繁,同時也讓消費者購物過程中愈來愈沒耐性,為了提供更優質的個人化購物體驗,Amazon 對於消費者使用行為的追蹤更是不遺餘力,利用超過 20 億用戶的大數據,盡可能地追蹤消費者在網站以及 App 上的一切行為,藉著分析大數據推薦給消費者他們真正想要買的商品,用以確保對顧客做個人化的推薦、價格的優化與鎖定目標客群等。

如果各位曾經有在 Amazon 購物的經驗,一開始就會看到一些沒來由的推薦名單,因為 Amazon 商城會根據客戶瀏覽的商品,從已建構的大數據庫中整理出曾經瀏覽該商品的所有人,然後會給這位新客戶一份建議清單,建議清單中會列出曾瀏覽這項商品的人也瀏覽過哪些商品?由這份建議清單,新客戶可以快速作出購買的決定,讓他們與顧客之間的關係更加緊密,而這種大數據技術也確實為 Amazon 商城帶來更大量的商機與利潤。

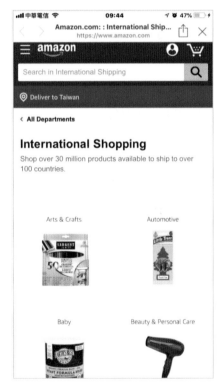

▲ Amazon 應用大數據提供更優質購物體驗

1-4 大數據相關技術－ Hadoop 與 Spark

大數據是目前相當具有研究價值的議題，也是一國競爭力的象徵。大數據資料涉及的技術層面很廣，它所談的重點不僅限於資料的分析，還必須包括資料的儲存與備份，與將取得的資料進行有效的處理，否則就無法利用這些資料進行社群網路行為作分析，也無法提供廠商作為客戶分析。

身處大數據時代，隨著資料不斷增長，使得大型網路公司的用戶數量，呈現爆炸性成長，企業對資料分析和存儲能力的需求必然大幅上升，這些知名網路技術公司紛紛投入大數據技術，使得大數據成為頂尖技術的指標，洞見未來趨勢浪潮，獲取源源不斷的大數據創新養分，瞬間成了搶手的當紅炸子雞。

1-4-1 Hadoop

隨著分析技術不斷的進步，許多網路行銷、零售業、半導體產業也開始使用大數據分析工具，現在只要提到大數據就絕對不能漏掉關鍵技術－ Hadoop，主要因為傳統的檔案系統無法負荷網際網路快速爆炸成長的大量數據。Hadoop 是源自 Apache 軟體基金會（Apache Software Foundation）底下的開放原始碼計畫（Open source project），為了因應雲端運算與大數據發展所開發出來的技術，是一款處理平行化應用程式的軟體，它以 MapReduce 模型與分散式檔案系統為基礎。

Hadoop 使用 Java 撰寫並免費開放原始碼，用來儲存、處理、分析大數據的技術，兼具低成本、靈活擴展性、程式

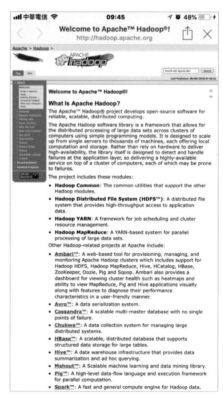

▲ Hadoop 技術的官方網頁

部署快速和容錯能力等特點，為企業帶來了新的資料存儲和處理方式，同時能有效地分散系統的負荷，讓企業可以快速儲存大量結構化或非結構化資料的資料，遠遠大於今日關聯式資料庫管理系統（RDBMS）所能處理的量，具有高可用性、高擴充性、高效率、高容錯性等優點。

在以 Google 搜尋引擎的相關學術論文（GFS 分散式檔案系統）為參考對象的基礎下，慢慢演變出一套可以儲存、處理、分析大數據的先進處理方法，用戶可以輕鬆地在 Hadoop 上開發和運行處理大數據相關的應用程式。Hadoop 提供為大家所認識的 HDFS（Hadoop Distributed File System）分佈式數據儲存功能，可以自動存儲多份副本，能夠自動將失敗的任務重新分配，還提供了叫做 MapReduce 的平行運算處理架構功能，因此 Hadoop 一躍成為大數據科技領域最炙手可熱的話題，發展十分迅速，儼然成為非結構資料處理的標準，徹底顛覆整個產業的面貌。基於 Hadoop 處理大數據資料的種種優勢，例如 Facebook、Google、Twitter、Yahoo 等科技龍頭企業，都選擇 Hadoop 技術來處理自家內部大量資料的分析，連全球最大連鎖超市業者 Wal-Mart 與跨國性拍賣網站 eBay 都是採用 Hadoop 來分析顧客搜尋商品的行為，並發掘出更多的商機。

Hadoop 技術成功地讓大數據成為未來科技發展的重心，無疑是全球企業用來因應大數據需求的主要投資項目之一，這股大趨勢不僅影響資訊科技的走向，更成為商業熱烈討論的議題，使用 Hadoop 技術時，不需要額外購買昂貴的軟硬體平台，只須在伺服器群組導入平行資料處理的技巧即可，它可以處理任何資料型態，能夠在節點之間動態地移動數據，因此處理速度非常快，Hadoop 逐漸成為企業日常營運不可或缺的系統，當然 Hadoop 人才也儼然成為各大企業挖角的對象之一。

1-4-2　Spark

快速竄紅的 Apache Spark，是由加州大學柏克萊分校的 AMPLab 所開發，是目前大數據領域最受曯目的開放原始碼（BSD 授權條款）計畫，Spark 相當容易上手使用，可以快速建置演算法及大數據資料模型，目前許多企業也轉而採用

Spark 做為更進階的分析工具,也是目前相當看好的新一代大數據串流運算平台。

我們知道速度在大數據資料的處理上非常重要,為了能夠處理 PB 級以上的數據,Hadoop 的 MapReduce 計算平臺獲得了廣泛採用,不過還是有許多可以改進的地方。例如 Hadoop 在做運算時需要將中間產生的數據存在硬碟中,因此會有讀寫資料的延遲問題,Spark 使用了「記憶體內運算技術(In-Memory Computing)」,大量減少了資料的移動,能在資料尚未寫入硬碟時即在記憶體內分析運算,能讓原本使用 Hadoop 來處理及分析資料的系統快上 100 倍。

由於 Spark 是一套和 Hadoop 相容的解決方案,繼承了 Hadoop MapReduce 的優點,但是 Spark 提供的功能更為完整,可以更有效地支持多種類型的計算。IBM 將 Spark 視為未來主流大數據分析技術,不但因為 Spark 會比 MapReduce 快上很多,更提供了彈性「分佈式文件管理系統」(Resilient Distributed Datasets, RDDs),可以駐留在記憶體中,然後直接讀取記憶體中的數據。

Spark 擁有相當豐富的 API,提供 Hadoop Storage API,可以支援 Hadoop 的 HDFS 儲存系統,更支援了 Hadoop(包括 HDFS)所包括的儲存系統,使用的語言是 Scala,並支持 Java、Python 和 Spark SQL,各位可以直接用 Scala(原生語言)或者可以視應用環境來決定使用哪種語言來開發 Spark 應用程式。

▲ Spark 官網提供軟體下載及許多相關資源

1-5 初探 Power BI 新鮮事

Power BI 是微軟在 2015 年 7 月推出的雲端產品，它是一套商務數據分析工具，可以結合各種資料來源，收集資料並整理成視覺化的分析圖表，對於評估及掌控現況有非常大的幫助，快速解決工作上大數據資料分析的問題，讓報表以互動式資料視覺效果呈現，幫助使用者將各種來源管道的資料整合在一起，不但能快速產生美觀的視覺效果互動式報表，這些圖文並茂的報表，還有助於主管解讀資訊，並應用於進行商務時的決策判斷。

1-5-1 資料圖表的重要性

生活中有許多資料，這些資料必須經過適當的整理及結合各種巨量資料的分析工具，才能將這些資料轉換成實用的資訊。如果所呈現的資訊不僅是文字型態的數據，還能將其轉換成圖文並茂的圖表，必定可以更加清楚各資料間的比較關係，例如下圖 1 是一個表格外觀，雖然仍可以提供各分店數據資訊，但下圖 2 圖表方式的呈現，就能非常清楚各分店的業績好壞差異。

圖 1

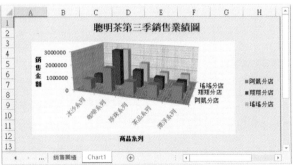

圖 2

▲ 視覺化的圖表比文字表格更專業及容易理解

1-5-2 Power BI 功能簡介

我們還可以將所產生的報表發佈在 Power BI 的平台，再透過各種平台電腦或行動裝置的瀏覽器看到各種報表，讓您能夠輕鬆在 Web 上及行動裝置之間加以共用所產生的分析報表：

▲ 資料來源：https://powerbi.microsoft.com/zh-tw/

由於直接使用 Power BI 雲端服務平台還必須涉及到網路連線與資料傳輸等問題，因此對初學者而言，建議先下載 Power BI Desktop 桌面應用程式，先在使用者本機端的電腦進行資料的整理與分析工作，當滿意產生的圖表後，再將其儲存並上傳到 Power BI 雲端服務平台，並於行動裝置上透過 Power BI Mobile 應用程式檢視所輸出的精美報表。

1-5-3 Power BI 平台簡介

Power BI 三大平台分別為：Power BI 雲端平台、Power BI Desktop（桌面應用程式）及行動裝置適用的 Power BI Mobile，這些行動裝置適用 iOS、Android、平板等。

Microsoft Power BI Desktop 是 Power BI 隨附的桌面應用程式。Microsoft Power BI 結合了豐富的互動式視覺效果。我們可以先利用 Microsoft Power BI Desktop 進行資料整理分析，建立豐富的互動式報表，當建立完成報表後，並將其發行至 Power BI 雲端平台，Power BI Desktop 讓您隨時隨地都能提供他人即時地剖析資料並與他人共用，在外出時使用 Power BI Mobile 應用程式存取資料，並可以透過 Power BI Mobile 在行動裝置檢視報表、儀表板等資訊。

目前 Power BI Desktop 可於官方網頁免費下載安裝到本機，通常建議使用者先於 Power BI Desktop 電腦版桌面應用程式匯入各種不同檔案格式的資料，這些支援的檔案格式如下所示：

▲ 可以透過 Power BI Mobile 在行動裝置檢視報表

大數據與 Power BI 贏家淘金術

再進行資料的整理與分析,與設計視覺化互動圖表的產出,例如底下二圖為各種不同類型的視覺效果輸出外觀:

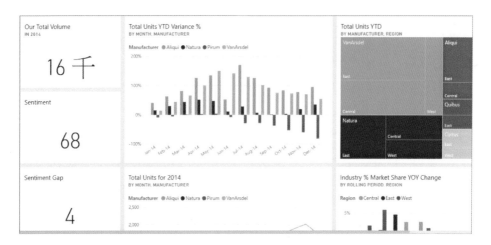

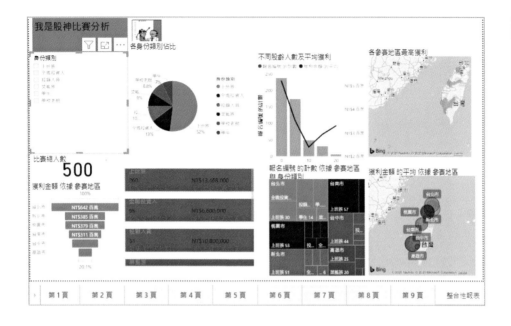

接著還可以將所產生的視覺效果圖表，及資料表內容儲存成檔案名稱為 .pbix 的報表檔案：

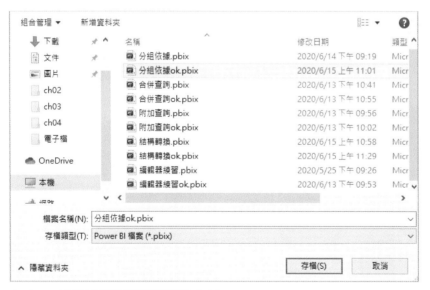

▲ Power BI 報表檔案的存檔類型為 *.pbix

再發行報表到 Power BI 雲端平台共用儀表板，並與他人並用與協同作業，不過，要使用 Power BI 雲端平台必須先於官方網頁註冊，並登入才可以使用。

登入

Power BI Desktop 與 Power BI 服務能在您登入時無縫運作。

登入

需要 Power BI 帳戶嗎? 免費試用

▲ 要使用 Power BI 雲端平台必須登入 Power BI 帳號才可以使用

這裡有一點要補充說明，目前 Power BI 雲端平台不支援個人電子郵件服務或電信業者所提供的電子郵件，例如：hotmail.com、gmail.com…等，必須是學校或公司行號的電子郵件位址才可以註冊。雖然說 Power BI Desktop 與 Power BI 雲端平台報表的編輯環境差異不大，再加上剛才提到並不是所有個人使用者都可以註冊 Power BI 雲端平台，為了方便初學者較容易入門操作學習，本書中所示範的介面、步驟及設計的視覺效果都是在 Power BI Desktop 進行操作。

▲ Power BI 雲端平台的操作介面

1-5-4 Power BI 初學者學習指引

接著我們將介紹一些初學者需要的線上學習資源，例如 Microsoft Power BI 自學型學習、Power BI 文件說明及 Power BI 的社群等線上資源取得管道，這些實用的學習資源，都可以在 Power BI 的官方網頁中找到，首先請開啟瀏覽器連上 Power BI 官網：https://powerbi.microsoft.com/zh-tw/。

▶ Microsoft Power BI 自學型學習

透過這個循序漸進的 Microsoft Power BI 自學型學習，從而了解 Microsoft Power BI 豐富而強大的功能。

這些功能包括：探索 Power BI 的功能、使用 Power BI 分析資料、開始使用 Power BI 來建置、取得 Power BI Desktop 的資料、Power BI 中的模型資料、使用 Power BI 的視覺效果、探索 Power BI 中的資料、在 Power BI 中發佈及共用、DAX 簡介…等。

▶ Power BI 文件

透過 Power BI 功能強大的資料分析及多元的視覺效果，可以幫助各位更加深入剖析資訊，以提升資料的價值。如果您想尋求 Power BI 相關專業的資訊及解決方案，都可以透過 Power BI 文件來獲得。

按一下官網的「資源 / 了解 / 文件」

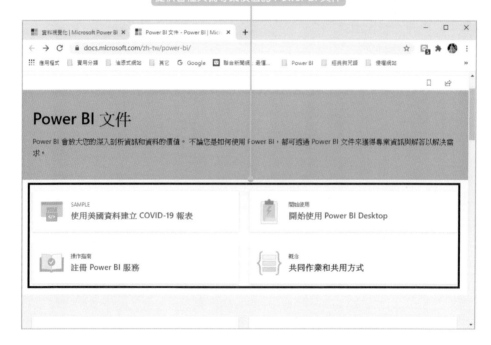

提供各種具備專業價值的 Power BI 文件

▶ Power BI 社群

在社群的資源下除了有關社群的概觀外，也提供了相關的論壇、資源庫、想法、活動、使用者群組、社群部落格等。底下為取得社群部落格的操作方式：

按一下官網的「社群 / 社群部落格」

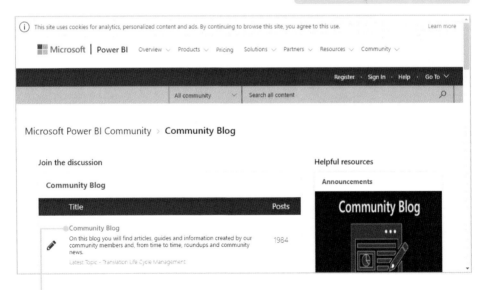

開啟 Microsoft Power BI 社群部落格的相關網頁

Note

第一次使用 Power BI 就上手

本章將快速示範 Power BI 的下載與安裝，並簡介 Power BI 視窗環境的功能說明，最後以一個最入門的方式示範如何在 Power BI 取得外部資料，並將這些匯入的資料，依據資料的特性，挑選適合呈現的圖表類型，並將所取得的資料，以一種圖文並茂的圖表外觀來加以呈現。

▲ Power BI 可以將資料轉換成各式精美的圖表

2-1 建構 Power BI Desktop 學習環境

接著就來示範如何下載及安裝 Power BI Desktop 學習環境，在安裝前我們先來看看安裝 Power BI Desktop 必須符合哪些系統需求。

2-1-1 系統需求

要安裝 Power BI Desktop 前必須先確定各位的電腦系統是否符合底下所列的系統需求：

1. Windows 10, Windows Server 2012 R2, Windows Server 2008 R2, Windows Server 2012, Windows 7, Windows 8, Windows 8.1
2. Microsoft Power BI Desktop 需要 Internet Explorer 10（含）以上的版本。
3. Microsoft Power BI Desktop 適用於 32 位元（x86）及 64 位元（x64）平台。

2-1-2 下載安裝 Power BI Desktop

要利用 Power BI 進行巨量資料的分析，各位必須取得 Power BI，請先連上 Power BI 官網，網址為 https://powerbi.microsoft.com/zh-tw/，底下為 Power BI Desktop 桌面應用程式完整的下載與操作流程：

Step 01

Step 02

Step **03**

1 選「中文（繁體）」語言選項

2 按「下載」鈕

Step **04**

1 選擇要下載的項目

2 按「Next」鈕

Step 05

開啟所下載的
安裝程式

Step 06

按「下一步」鈕

Step **07**

Step **08**

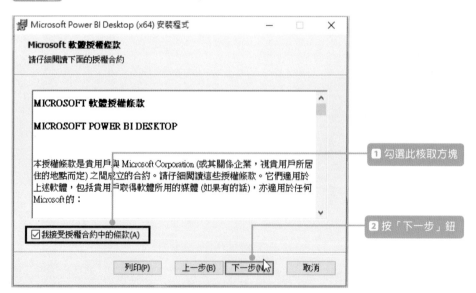

Step **09**

按「下一步」鈕

Step **10**

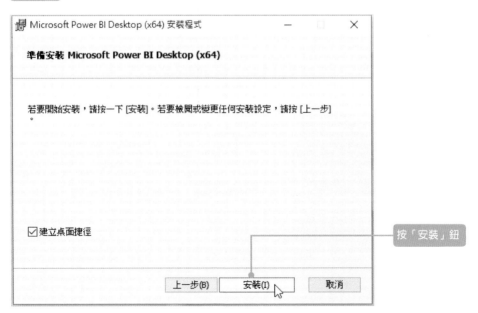

按「安裝」鈕

Step **11**

2-2 Power BI Desktop 視窗環境介紹

主畫面中間會出現歡迎畫面，你只要按該視窗右上方的 x 鈕即可關閉該畫面。

上圖左側為報告、資料、模型三種模式的切換鈕,中間為歡迎畫面,右側則為輔助窗格。請按歡迎畫面右上角的 x 鈕就可以關閉該畫面,接著進入如下圖的介面環境,簡介如下。

在 Power BI 軟體中共有三種檢視模式,當各位取得資料後,就可以在工作區左側切換各種檢視模式功能,各種檢視模式功能說明如下:

第一個鈕為「報告」 檢視模式,可以在此以不同管道取得資料,並在此建立各種資料數據的圖表視覺效果,這些圖表視覺效果還可以依使用者篩選或排序等動作,顯示出不同圖表視覺外觀。

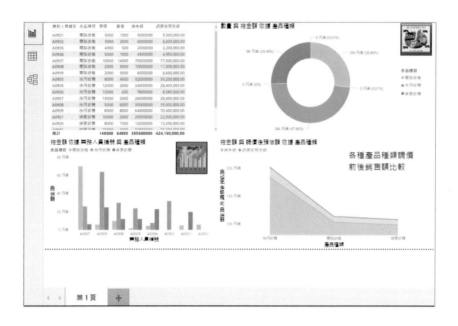

第二個鈕為「資料」▦ 檢視模式，可以在此以工作表的方式檢視所取得資料，並可以修改或編輯資料內容、更改資料表名稱、刪除資料行或資料列、改變資料行屬性或加入量值…等。

業務人員編號	產品種類	單價	數量	總金額
A0901	電腦遊戲	5000	1000	5000000
A0901	繪圖軟體	10000	2000	20000000
A0902	電腦遊戲	3000	2000	6000000
A0903	應用軟體	8000	4000	32000000
A0905	電腦遊戲	4000	500	2000000
A0905	繪圖軟體	8000	1500	12000000
A0905	應用軟體	12000	2000	24000000
A0908	繪圖軟體	4000	3000	12000000
A0908	電腦遊戲	2000	5000	10000000
A0908	應用軟體	5000	6000	30000000
A0906	繪圖軟體	8000	2000	16000000
A0906	電腦遊戲	4000	1000	4000000
A0906	繪圖軟體	9000	500	4500000
A0906	應用軟體	13000	600	7800000
A0907	繪圖軟體	9000	700	6300000
A0907	電腦遊戲	5000	12000	6000000
A0909	繪圖軟體	5000	5000	25000000
A0909	電腦遊戲	2000	3000	6000000
A0909	應用軟體	8000	8000	64000000
A0907	電腦遊戲	5000	2000	10000000

第三個鈕為「模型」 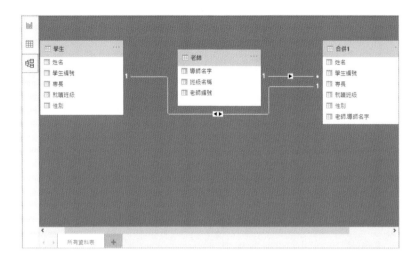 檢視模式，可以在此檢視模式，修改各資料表欄位之間的關聯性。例如下圖的外觀：

2-3 資料轉圖表的實作 4 部曲

在開始示範如何以 Power BI 分析大數據的資料及將整理過的資料視覺化之前，首先為各位摘要大數據分析的 4 個基本步驟：

- Step 01 資料取得
- Step 02 資料匯入
- Step 03 資料整理
- Step 04 圖表展現與資訊分析

Power BI Desktop 可以取得的資料來源型態相當多元，包括 Access 資料庫、MySQL、Oracle、Excel 工作表、CSV、XML、JSON、線上資料庫、開放資料（open data）…等，由於資料數據的來源管道相當多元，在建立視覺化圖表的工作之前，各位最好可以將資料先行進行整理與彙整，尤其是這些資料來源的數據報表經常會出現一些不適合匯入的格式，造成 Power BI 無法取得正確的資料，這樣就容易造成在進行數據分析或視覺化圖表等工作時，產生不可預期的錯誤。

資訊小幫手

開放資料（open data）是一種可以被自由使用和散佈的資料，這些資料不受著作權等相關法規及其他管理機制所限制，可以自行出版或是做其他的運用，雖然有些開放資料會要求使用者標示資料來源與所有人，但大部份政府資料的開放平台，是可以自由取得。

以下我們將示範如何結合 Power BI Desktop，實際將「金融機構基本資料查詢」，以美觀的視覺化資訊圖表進行分析。

2-3-1 工作流程 1：資料取得

由於各開放平台下載資料的方式大同小異，接下來的專案就透過「政府資料開放平臺」http://data.gov.tw 來下載政府的開放資料。

下載頁面如下，提供了 CSV、XML 及 JSON 三種檔案格式。

接下來我們將以取得 CSV 資料格式為例進行下載，步驟如下：

Step 01

在「CSV」鈕按滑鼠右鍵，執行快顯功能表中「另存連結為」指令

Step 02

請自行指定要儲存的資料夾及檔案名稱後，按下存檔鈕即可

2-3-2 工作流程 2：匯入資料

取得開放資料後，要記得儲存的位置，才可以讓 Power BI 在匯入時可以正常執行，以下為匯入資料的操作流程：

Step 01

在主畫面執行「取得資料 / 文字 /CSV」指令

Step 02

1 選取 CSV 檔案檔案

2 按下「開啟」鈕

Step 03

按下「載入」鈕

Step 04

切換到「資料」檢視模式可以看到所有的資料已載入到 Power BI 軟體了

2-3-3 工作流程 3：資料整理

從開放平台取得的公開資料在匯入 Power BI 後，接下來就可以透過 Power BI 的查詢編輯器進行資料整理。例如：指定第一個資料列為標頭、變更資料表名稱、移除不需要的資料行、變更資料行標題名稱⋯等，萬一各位所匯入的資料無法自動判別第一列的資料為資料表的標頭時，Power BI 軟體本身預設會以「Column」再加上流水號暫時作為其資料表的標頭，其實我們也可以透過查詢編輯器將資料表的第一列指定為標頭，當各位如果碰到下載的資料無法自動判別第一列的資料為資料表的標頭，就可以參考接下來的「資訊小幫手」來將第一個資料列指定為標頭。

資訊小幫手

將第一個資料列指定為標頭

示範如何指定第一個資料列為標頭，請看以下的步驟說明：

Step 01

> 請在「常用」索引標籤執行此「轉換資料」指令就可以進入查詢編輯器

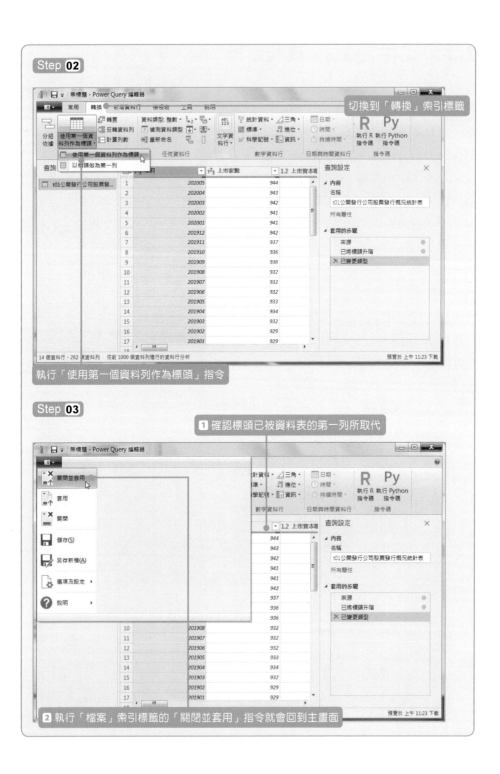

Step 02

切換到「轉換」索引標籤

執行「使用第一個資料列作為標頭」指令

Step 03

❶ 確認標頭已被資料表的第一列所取代

❷ 執行「檔案」索引標籤的「關閉並套用」指令就會回到主畫面

2-3-4 工作流程4：圖表展現與資訊分析

所有的資料整理工作完畢後，接著就可以透過 Power BI Desktop 軟體建立視覺效果，在此使用我們所取得的大數據資料，以圖表建立的方式讓您了解各種資料間的差異比較。

首先請各位切換到「資料」檢視模式，當一切資料確定無誤後，就可以進行建立視覺效果的工作，接下來就來示範如何產生「群組直條圖」的圖表：

Step 01

請先於「資料」檢視模式中再次確認資料表的正確性

1 按下「報告」鈕

2 依序勾選要檢視的欄位

3 在「視覺效果」中選擇「群組直條圖」

將滑鼠移到圖表物件的右下角，當游標呈雙箭鍵狀，拖曳可調整圖表大小

Step 04

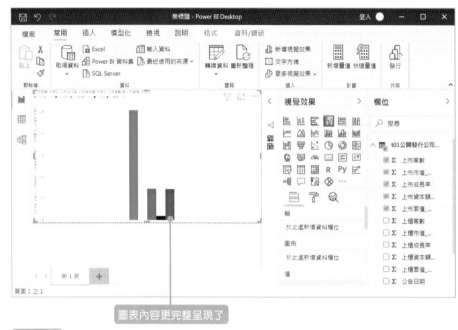

圖表內容更完整呈現了

Step 05

要了解某特定資訊，將滑鼠移到圖形上方就會顯示

Step **06**

如果要變更圖表類型，例如環圓圖，
只要各位改按「環圈圖」鈕，就馬上
變更視覺外觀

2-4 儲存報告

花了好一會功夫及心思所建立的視覺效果，請記得儲存為 Power BI 的格式
（*.pbix），當關閉 Power BI 後，下次還可以開啟繼續編輯或進行修改的動作，
當於上圖中按下「存檔」鈕，如果是第一次存檔，就會開啟「另存新檔」視
窗，設定好儲存位置及檔案名稱，就可以儲存建立的報告了。當然如果想觀看
資料表中更多欄位的資訊，只要勾選要顯示的欄位，就會顯示更豐富的圖表資
訊，如下圖所示：

以上範例用最簡單的方式說明大數據的基礎應用方式，當然在大數據的領域還
有許多更前端的應用技術。事實上，大數據的核心精神主要是要先辨別哪些資
料才是真正有意義的資料來源，接著再透過一個可靠有效的資料分析工具或技
術，才能真正萃取出有用的知識與資訊。

Note

圖表視覺元件
編輯與優化

Power BI 提供許多視覺效果的元件，但如果只是將資料表內容轉換成圖表視覺元件，不一定符合各位的需求，因此有必要進一步了解各圖表的組成元件，並知道如何編修這些元件的相關呈現技巧，才可以讓所產生的視覺效果符合自身的期待或提升商業分析的價值。本章將從認識各種圖表元件的組成，並陸續介紹這些元件的編輯方式，也一併會提供如何進行報表外觀的優化。

3-1 視覺效果組成元素

Power BI 可以將資料轉換成視覺效果的圖表元件，在此將以直條圖為例，為各位介紹視覺圖表中有哪些組成元件，說明如下：

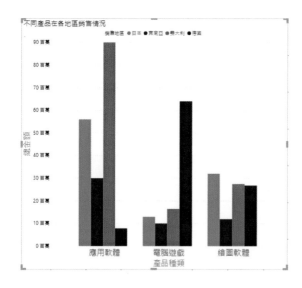

- 標題：圖表的主題名稱。
- 繪圖區：顯示圖表內容的所在處。
- 背景：圖表的背景色彩及透明度的指定。
- 圖例：用不同圖案或色彩來代表相關數列的。
- 資料標籤：可以顯示資料數列的值。
- X 座標軸標題：可以指定 X 座標軸所代表的名稱。
- X 座標軸標籤：在 X 軸方向顯示文字及數值刻度。
- Y 座標軸標題：可以指定 Y 座標軸所代表的名稱。
- Y 座標軸標籤：在 Y 軸方向顯示文字及數值刻度。

3-2 視覺效果色彩學

在日常生活中，我們每天所看到的任何景物都有它的色彩，不管是自然的或人工的物體，都有各種色彩和色調，色彩是我們認識周遭生活環境的一項重要訊息。對於電腦繪圖或數位影像處理或圖表設計的初學者來說，色彩學的使用是相當重要的入門磚。當我們看到某一個色彩時，通常都會對它產生某個印象，這是因為藉由我們所看到的具體實物而產生的聯想。下表所列的，便是每一種色相所帶給人們的感情印象：

色相	紅	橙	黃	綠	藍	紫	黑	白	灰
具體象徵	火焰 太陽 血液 玫瑰	橘子 果汁 夕陽	月亮 香蕉 黃金 向日葵	樹葉 草木 西瓜 原野	海洋 藍天 遠山 湖海	葡萄 茄子 紫菜	夜晚 木炭 墨汁 頭髮	雪 白紙 護士 新娘	病人 惡夢 憂鬱 水泥 煙霧
抽象象徵	危險 熱情 炎熱 活力 興奮	快樂 溫暖 鮮明 甜美	明亮 希望 輕盈 酸味	活力 和平 理想 健康 安全	清涼 冷靜 自由 開朗 安靜	高貴 權威 病態 華麗 神秘	穩重 深沉 悲哀 恐怖 嚴肅	天真 純潔 樸素 正確 寒冷	曖昧 憂鬱 無力

各位也可以將這些色彩的象徵意義應用於各種標誌設計或圖表設計的作品上，以這些色彩說明所要表達的創作意念，將會使圖表呈現的說服力更強。

另外，色彩的三種屬性包括了色相、明度、彩度，任何一個色彩都可以從這三個方面進行判斷分析。如果要對色彩有更進一步的了解，首先就必須了解三種色彩屬性。說明如下：

3-2-1 色相

色相（Hue）是指區別色彩的差異度而給予的名稱，代表不同波長色彩的相貌，不同相貌的顏色，就有不同的名稱，也就是就是我們經常說的紅、橙、

黃、綠、藍、紫等色。另外,顏色還區分為「有彩色」、「無彩色」、「獨立色」,像黑、白、灰這種沒有顏色的色彩,就稱為「無彩色」,其他有顏色的色彩,則都是「有彩色」,「獨立色」通常是指金與銀兩種顏色。影像處理的第一步就是要學習如何增加色彩判斷的敏感度,辨別正確的色相,並調出符合需要的正確色彩是相當重要的。

3-2-2 明度

明度(Brightness)是指色彩的明暗程度,相當於色彩強度。例如:紅色可分為暗紅色、紅色、及淡紅色,越暗的紅色明度越低,越淡的紅色明度越高;因此每個色相都可以區分出一系列的明暗程度。

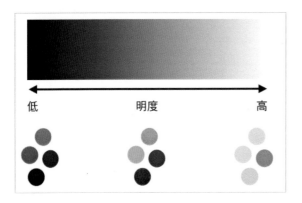

色彩的明度與光線的反射率有關,反射較多時色彩較亮。顏色之間也有明暗度的不同,其中以黑色的明度最低,白色的明度最高,顏色只要混合白色就能提高明度,混合黑色就會降低明度。運用色彩時,必須特別注意明度的變化與協調,如果覺得明度差不易辨識時,可以將眼睛稍微瞇一下,辨識就會變得容易些。例如下圖黃色的花與綠色的葉子乍看起來顏色鮮明,但是如果瞇著眼睛看或是將它轉成灰階時,由於黃色與綠色的明度接近,看起來反而並不顯眼:

3-2-3 彩度

彩度（Saturation）是指色彩中純色的飽和度，亦可以說是區分色彩的鮮濁程度，飽和度愈高表示色彩愈鮮艷，純色因不含任何雜色，飽和度及純粹度最高。所以當某個顏色中加入其他的色彩時，它的彩度就會降低。舉個例子來說，當紅色中加入白色時，顏色變成粉紅色，其明度會提高，但是紅色的純度降低，所以彩度變低。紅色中如果加入黑色，它會變成暗紅色，明度變低彩度也變低。

3-3 視覺效果編輯技巧小心思

上一節簡單介紹有關視覺色彩的基礎知識，接著本節將介紹各種視覺效果物件的編輯小技巧，可以方便各位調整視覺效果的外觀，首先就先從圖表移動與大小設定開始介紹。

3-3-1 圖表移動與大小設定

我們可以移動圖形到適當的位置，並設定圖形的大小以調整符合各位需求的視覺外觀。

▶ 操作範例：圖表移動.pbix

Step 01

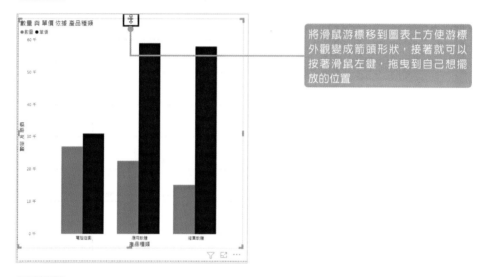

將滑鼠游標移到圖表上方使游標外觀變成箭頭形狀，接著就可以按著滑鼠左鍵，拖曳到自己想擺放的位置

Step 02

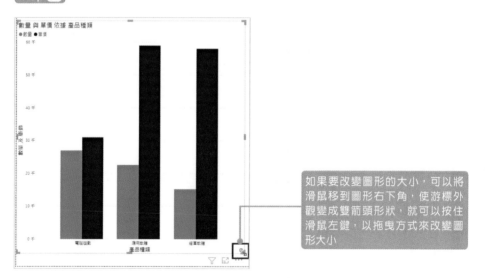

如果要改變圖形的大小，可以將滑鼠移到圖形右下角，使游標外觀變成雙箭頭形狀，就可以按住滑鼠左鍵，以拖曳方式來改變圖形大小

Step **03**

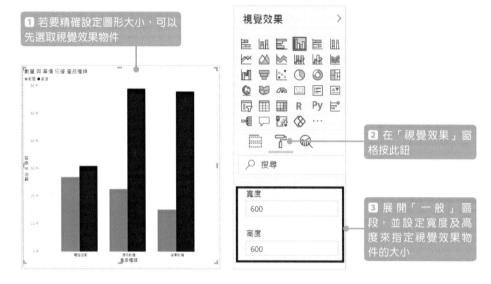

1 若要精確設定圖形大小，可以先選取視覺效果物件

2 在「視覺效果」窗格按此鈕

3 展開「一般」區段，並設定寬度及高度來指定視覺效果物件的大小

3-3-2 圖表背景與邊框設計

接著將示範如何變更視覺效果物件的背景及為其設計邊框。

▶ 操作範例：背景圖案.pbix

Step **01**

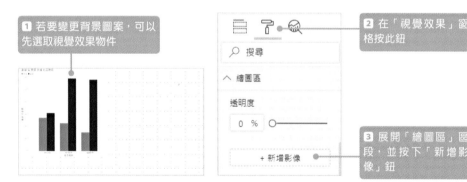

1 若要變更背景圖案，可以先選取視覺效果物件

2 在「視覺效果」窗格按此鈕

3 展開「繪圖區」區段，並按下「新增影像」鈕

Step **02**

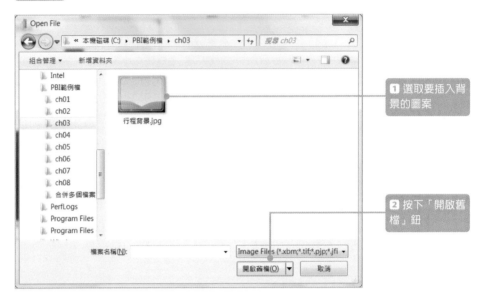

1 選取要插入背景的圖案

2 按下「開啟舊檔」鈕

Step **03**

1 在此可設定背景圖的透明度，來降低影響原視覺效果物件的瀏覽

2 此處可以設定圖片最適大小，請依所插入的背景圖形選擇較適合的選項

Step 04

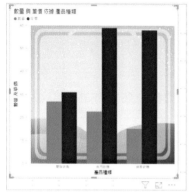

1 如果要指定圖形的邊框,可以在此指定色彩

2 此處則可以設定邊框四個角度的圓角半徑值,單位為像素

3-3-3 變更工作區的頁面資訊

根據不同的視覺效果物件的內容呈現主題,我們也可以在 Power BI 變更工作區的頁面資訊,例如頁面名稱、頁面大小或是變更檢視模式。

▶ 操作範例:頁面資訊.pbix

Step 01

1 請在頁面任何空白處按一下滑鼠,以確保沒有選取到任何物件

2 在「頁面資訊」區段可以修改頁面名稱

3 在「頁面大小」區段可以設定頁面的類型或自行設定頁面的高度與寬度

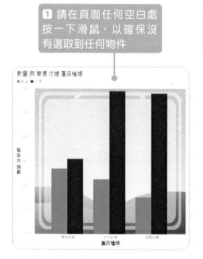
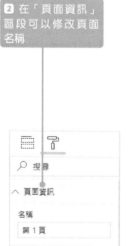

Step 02

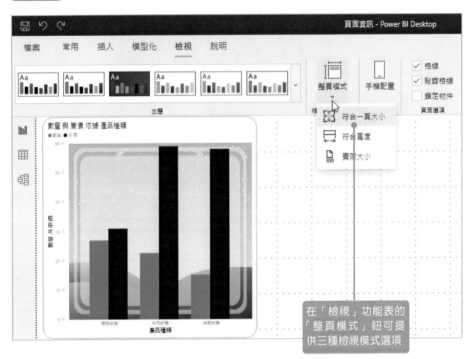

在「檢視」功能表的「整頁模式」鈕可提供三種檢視模式選項

資訊小幫手

認識三種檢視模式

整頁模式有三種選項，功能說明如下：

- 符合一頁大小：以符合頁面大小的方式呈現視覺效果物件的內容。
- 符合寬度：以符合頁面的寬度呈現視覺效果物件的內容。
- 實際大小：以實際大小的尺寸呈現視覺效果物件的內容。

3-3-4　顯示格線與貼齊格線

為了方便在報表中各視覺效果元件可以有較整齊的安排，以兼顧其外在的美觀性，我們可以在工作區顯示格線並設定貼齊，就可以精準安排各視覺效果元件間的較佳位。接著就來看如何貼齊格線：

▶ 操作範例：貼齊格線.pbix

Step **01**

1 切換到「檢視」索引標籤

2 勾選「格線」及「貼齊格線」，如此一來在拖拉物件時就可以依格線來排列物件，當靠近格線時就會自動貼齊格線

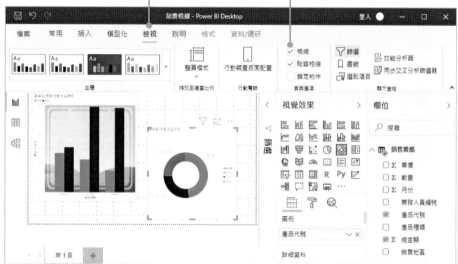

Step **02**

1 另外也可以按著 Ctrl 鍵不放可以一次選取多個物件

2 接著在「格式」索引標籤的「對齊」下拉清單選取各物件間的對齊方式，例如此處選取置中對齊

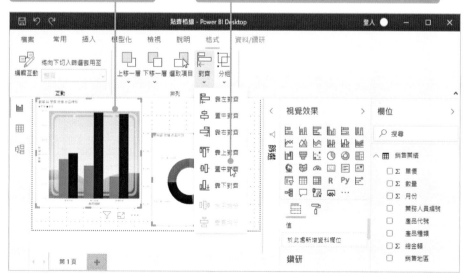

▼ 圖表視覺元件編輯與優化

Step **03**

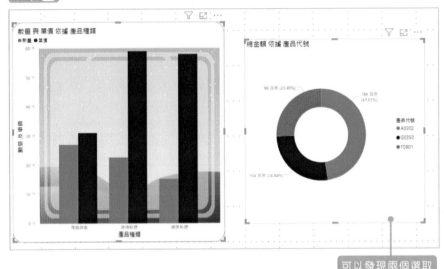

可以發現兩個選取的物件置中對齊

3-3-5 頁面的新增、刪除與複製

在報告檢視模式下，工作區預設開啟一個頁面，我們還可以新增或刪除頁面，也可以直接複製現有的頁面，接下來將示範新增及刪除頁面，最後也示範如何複製頁面。

▶ 操作範例：頁面增刪與複製.pbix

Step **01**

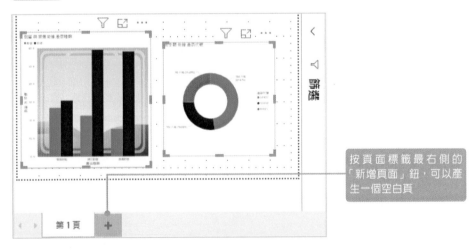

按頁面標籤最右側的「新增頁面」鈕，可以產生一個空白頁

Step **02**

1 空白頁已產生

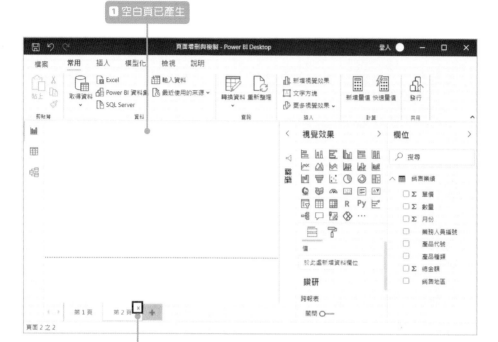

2 要刪除頁面可以將滑鼠指標移到要刪除頁面標籤右上角，按一下刪除鈕，就可以刪除該頁面

Step **03**

刪除此頁面

如果您稍後儲存此報表，Power BI 將會永久刪除它。確定要刪除此頁面嗎？

接著會出現此提示視窗，請按下「刪除」鈕就可以刪除該頁面

Step **04**

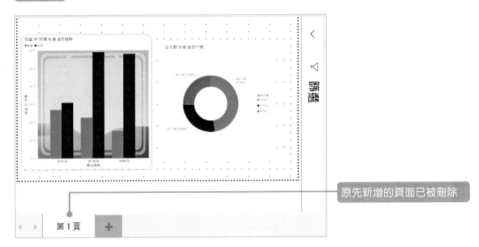

原先新增的頁面已被刪除

Step **05**

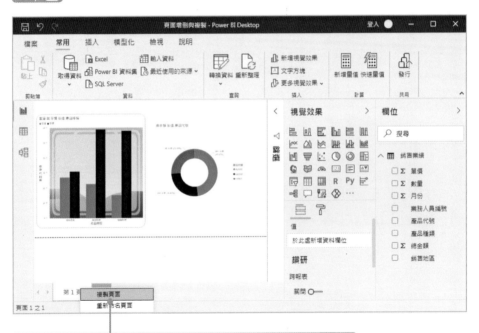

如果要依現有的視覺效果進行不同方式呈現的調整時，比較有效率的方式就是直接在頁面標籤名稱按滑鼠右鍵，並執行快顯功能表中的「複製頁面」指令，就可以產生與目前頁面內容完全相同的另一個複本

Step 06

已產生名稱為「第 1 頁的複本」的頁面標籤名稱,頁面內容和第 1 頁內容完全相同

Step 07

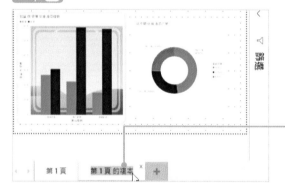

如果要變更頁面標籤名稱,也可以重新命名,只要在想修改名稱的頁面標籤名稱上連按二下滑鼠左鍵,使舊名稱被選取反白,接著再輸入新名稱就可以完成更名工作

Step 08

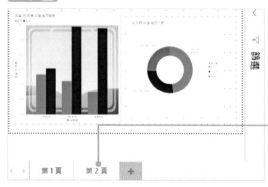

此處重新命名為「第 2 頁」

3-4 圖表元件編修攻略

在產生視覺效果物件後，會有預設的呈現方式，為了讓圖表的視覺外觀更加美觀，我們可以針對這些圖表元件所呈現的內容進行編輯，包括設定標題文字的格式、X/Y 座標軸視覺設計或刻度變更、圖例的擺放位置及呈現方式，這些元件的編修攻略，會是本節說明的重點。

3-4-1 設定標題文字

產生視覺效果圖表後，會在其左上方有預設的標題文字，如果想依圖表內容取一個較適合的標題文字或特有的文字樣式，可以參考底下的作法。

▶ 操作範例：標題文字.pbix

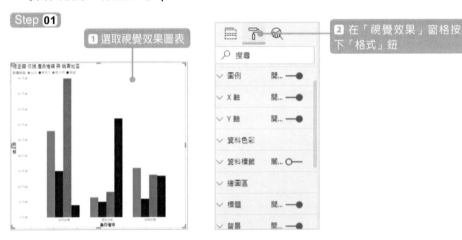

Step 01

1 選取視覺效果圖表

2 在「視覺效果」窗格按下「格式」鈕

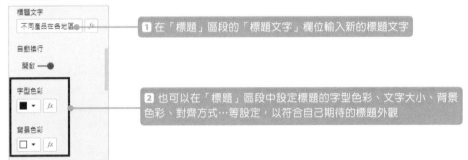

Step 02

1 在「標題」區段的「標題文字」欄位輸入新的標題文字

2 也可以在「標題」區段中設定標題的字型色彩、文字大小、背景色彩、對齊方式…等設定，以符合自己期待的標題外觀

Step 03

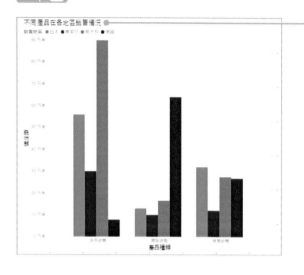

修改後的新標題文字就會在視覺效果圖表的左上方呈現

3-4-2 X/Y 座標軸標題與視覺設計

有些圖形視覺效果會有座標軸，例如直條圖、橫條圖、折線圖…等，其中 X 座標軸及標題，可以清楚表達水平座標軸所代表的資料的意義。Y 座標軸及標題，可以清楚表達垂直座標軸所代表的資料的意義。

▶ 操作範例：座標軸.pbix

Step 01

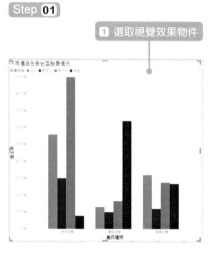

1 選取視覺效果物件

2 於「視覺效果」窗格按一下「格式」鈕

3 展開 X 軸區段

4 於 X 軸區段可以設定 X 軸座標軸標籤的色彩、大小、字型家族…等屬性

Step 02

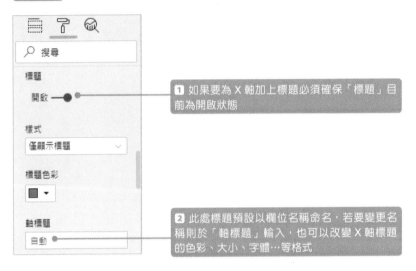

1 如果要為 X 軸加上標題必須確保「標題」目前為開啟狀態

2 此處標題預設以欄位名稱命名，若要變更名稱則於「軸標題」輸入，也可以改變 X 軸標題的色彩、大小、字體…等格式

Step 03

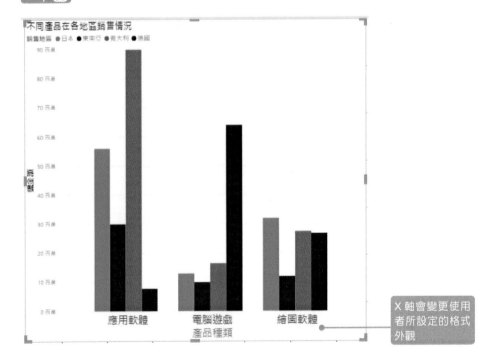

X 軸會變更使用者所設定的格式外觀

Step **04**

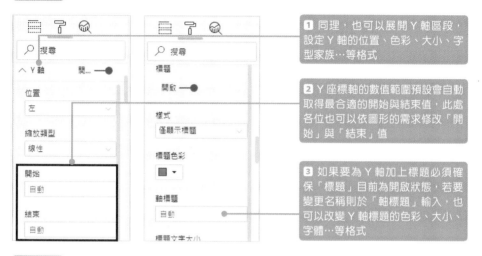

1 同理，也可以展開 Y 軸區段，設定 Y 軸的位置、色彩、大小、字型家族…等格式

2 Y 座標軸的數值範圍預設會自動取得最合適的開始與結束值，此處各位也可以依圖形的需求修改「開始」與「結束」值

3 如果要為 Y 軸加上標題必須確保「標題」目前為開啟狀態，若要變更名稱則於「軸標題」輸入，也可以改變 Y 軸標題的色彩、大小、字體…等格式

Step **05**

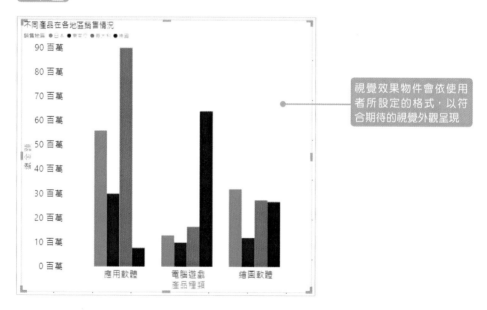

視覺效果物件會依使用者所設定的格式，以符合期待的視覺外觀呈現

最後補充一點如果要將座標軸標題或座標軸標籤顯示或隱藏，例如以 X 軸為例，如要關閉標題可於 X 軸區段的「標題」右側的開啟鈕，切換為關閉鈕。同理，如果要隱藏 X 座標軸標籤，可於「X 軸」區段右側的開啟鈕，切換為關閉鈕，就可以關閉該座標軸標籤，相同的作法也可以適用於 Y 軸。

3-4-3 圖例的顯示與調整

在視覺效果中如果只呈現單一資料項目，這種情況下，不會有圖例產生，但是當指定多個欄位項目時，則預設在視覺效果物件的左上角會出現圖例說明。圖例的功能在於幫忙識別不同資料在視覺效果中所呈現的顏色或格式，如果各位不滿意預設的圖例外觀，也可以依實際需求改變圖例的格式或自行指定圖例的擺放位置。

▶ **操作範例：圖例.pbix**

Step 01

如果在「欄」與「值」只有單一欄位，不會有圖例產生

Step 02

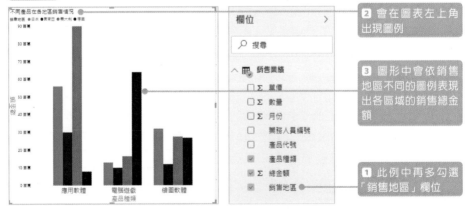

❷ 會在圖表左上角出現圖例

❸ 圖形中會依銷售地區不同的圖例表現出各區域的銷售總金額

❶ 此例中再多勾選「銷售地區」欄位

Step **03**

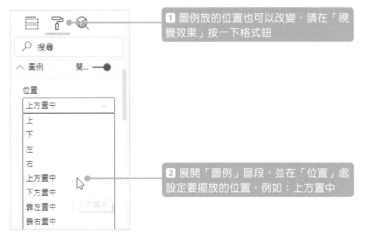

1 圖例放的位置也可以改變，請在「視覺效果」按一下格式鈕

2 展開「圖例」區段，並在「位置」處設定要擺放的位置，例如：上方置中

Step **04**

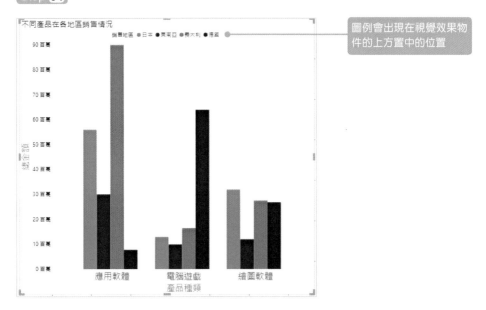

圖例會出現在視覺效果物件的上方置中的位置

▼ 圖表視覺元件編輯與優化

3-4-4 以不同色彩呈現五花八門的資料

如果希望以更多豐富的色彩來表現不同類別，各位可以藉助「視覺效果」窗格按「格式」鈕進行進一步色彩的自訂。接下來就來看看如何自訂色彩的作法：

▶ 操作範例：資料色彩.pbix

Step **01**

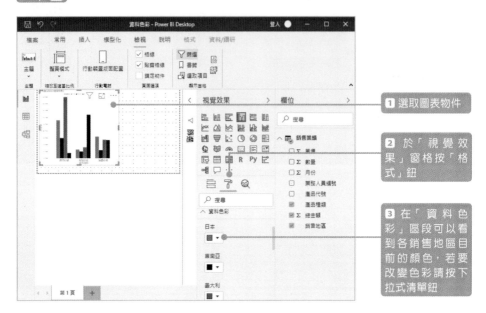

1 選取圖表物件

2 於「視覺效果」窗格按「格式」鈕

3 在「資料色彩」區段可以看到各銷售地區目前的顏色，若要改變色彩請按下拉式清單鈕

Step **02**

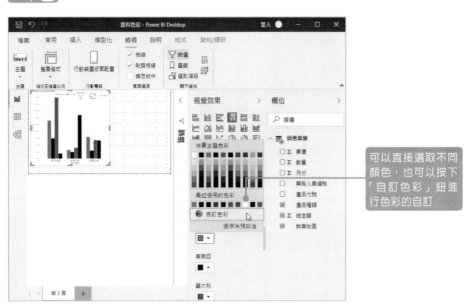

可以直接選取不同顏色，也可以按下「自訂色彩」鈕進行色彩的自訂

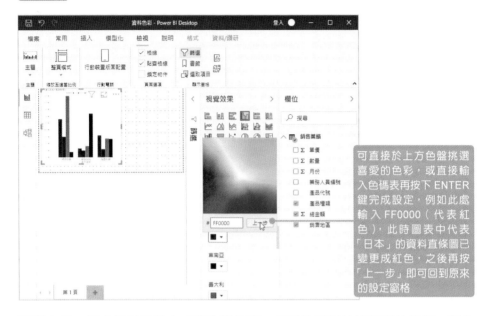

可直接於上方色盤挑選喜愛的色彩，或直接輸入色碼表再按下 ENTER 鍵完成設定，例如此處輸入 FF0000（代表紅色），此時圖表中代表「日本」的資料直條圖已變更成紅色，之後再按「上一步」即可回到原來的設定窗格

延續上例，剛才是以手動方式來改變色彩，其實也可以依據資料的數值，以色階呈現資料數據的色彩，首先請自行複製一個頁面。

Step 04

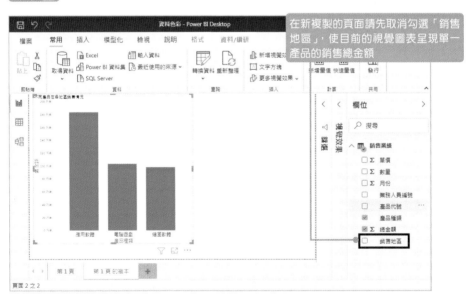

在新複製的頁面請先取消勾選「銷售地區」，使目前的視覺圖表呈現單一產品的銷售總金額

Step **05**

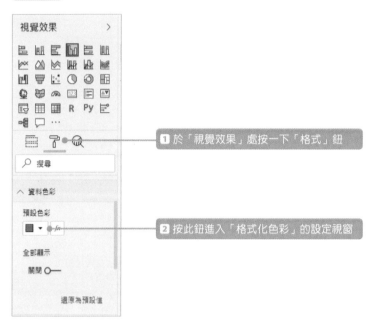

1 於「視覺效果」處按一下「格式」鈕

2 按此鈕進入「格式化色彩」的設定視窗

Step **06**

1 設定最小值色彩

2 設定最大值色彩

預設色彩 - 資料色彩

格式化依據

色階

依據欄位　　　　　　　　　　摘要　　　　　　　　　　　預設格式設定 ⓘ

總金額 的總和　　　　　　　　加總　　　　　　　　　　　為零

最小值　　　　　　　　　　　　　　　　　　　　　　　　最大值

最小值　　　　　　　　　　　　　　　　　　　　　　　　最大值

輸入值　　　　　　　　　　　　　　　　　　　　　　　　輸入值

☐ 發散

3 此處會秀出色彩由小到大的顏色色階的變化

深入了解　　　　　　　　　　　　　　　　　　　　　　確定　　取消

Step **07**

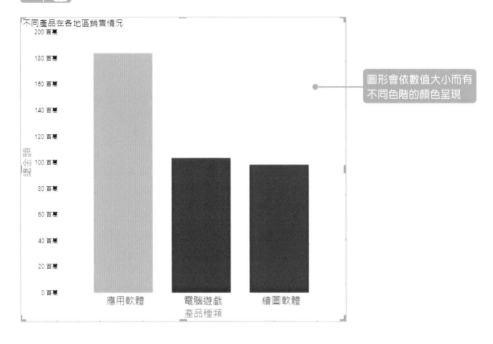

不同產品在各地區銷售情況

圖形會依數值大小而有
不同色階的顏色呈現

3-5 其他圖表優化的技巧

前面已談了一些圖表元件的編輯技巧，這一小節我們將更進一步談一些圖表優化的技巧，這些技巧包括圖表優化的技巧、如何以焦點模式放大檢視、互動式視覺效果、交叉分析篩選器及如何下載更多的視覺效果。

3-5-1 物件圖層順序的調整

在工作區的頁面上常因為圖表物件加入的先後順序不同，而造成先加入的物件被壓在下方，因而無法完整呈現或被選用，這是因為各圖表物件的圖層順序不同，如下圖所示：

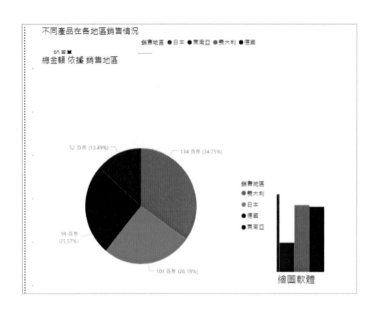

如要改變圖層順序，可依底下作法進行操作。

▶ 操作範例：圖層順序.pbix

Step 01

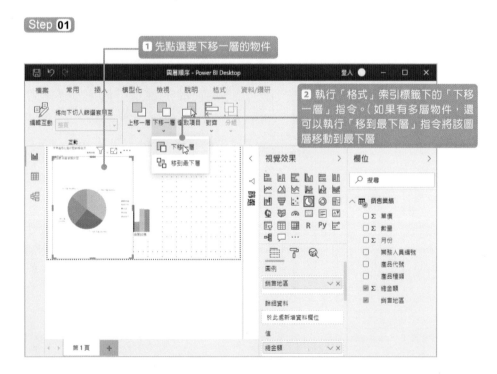

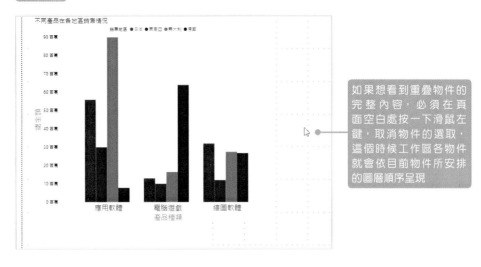

如果想看到重疊物件的完整內容，必須在頁面空白處按一下滑鼠左鍵，取消物件的選取，這個時候工作區各物件就會依目前物件所安排的圖層順序呈現

3-5-2 以焦點模式放大檢視

焦點模式可以將所選取的物件完全展開在工作區的頁面，以更清楚的方式來檢視或調整視覺效果物件。

▶ 操作範例：焦點模式.pbix

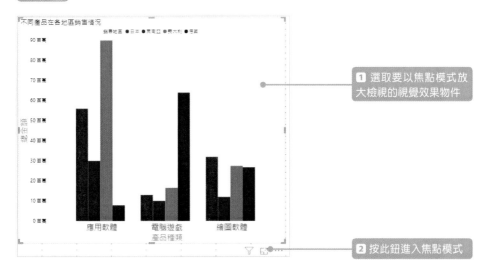

1 選取要以焦點模式放大檢視的視覺效果物件

2 按此鈕進入焦點模式

Step **02**

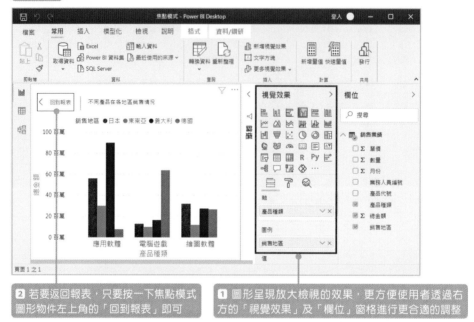

2 若要返回報表，只要按一下焦點模式圖形物件左上角的「回到報表」即可

1 圖形呈現放大檢視的效果，更方便使用者透過右方的「視覺效果」及「欄位」窗格進行更合適的調整

3-5-3　互動式視覺效果

互動視覺可以方便使用者查看視覺項目的詳細資料，除了可以在單一報表指定醒目提示的項目外，也可以在單一頁面多個報表之間產生視覺項目互動的行為。

▶ 操作範例：互動視覺.pbix

Step **01**

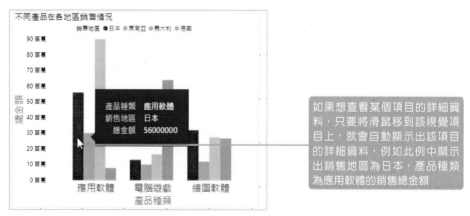

如果想查看某個項目的詳細資料，只要將滑鼠移到該視覺項目上，就會自動顯示出該項目的詳細資料，例如此例中顯示出銷售地區為日本，產品種類為應用軟體的銷售總金額

Step 02

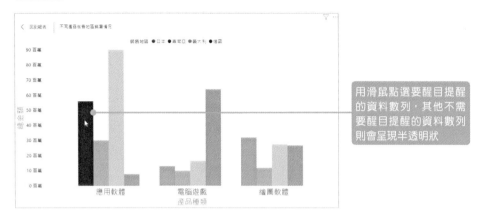

用滑鼠點選要醒目提醒的資料數列，其他不需要醒目提醒的資料數列則會呈現半透明狀

Step 03

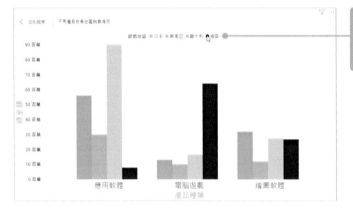

若要取消醒目提醒，只要再按一次該圖例項目，就可以回復原來資料項目的呈現方式

Step 04

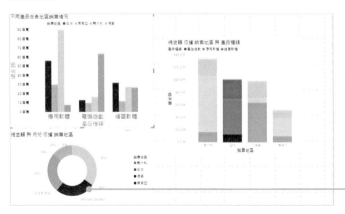

在同一工作區的多份視覺效果物件，選擇其中一個資料數列，所有關聯的視覺效果物件也會同步互動展現

Step **05**

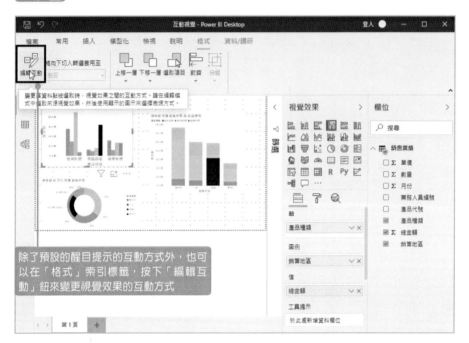

除了預設的醒目提示的互動方式外,也可以在「格式」索引標籤,按下「編輯互動」鈕來變更視覺效果的互動方式

Step **06**

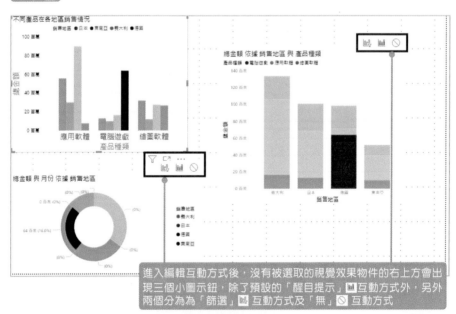

進入編輯互動方式後,沒有被選取的視覺效果物件的右上方會出現三個小圖示鈕,除了預設的「醒目提示」互動方式外,另外兩個分為為「篩選」互動方式及「無」互動方式

Step **07**

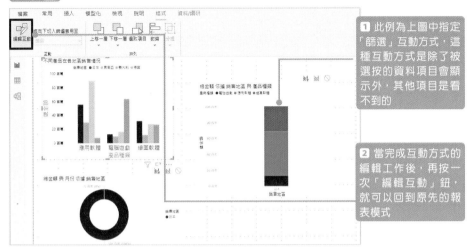

1 此例為上圖中指定「篩選」互動方式，這種互動方式是除了被選按的資料項目會顯示外，其他項目是看不到的

2 當完成互動方式的編輯工作後，再按一次「編輯互動」鈕，就可以回到原先的報表模式

3-5-4　交叉分析篩選器

交叉分析篩選器是一可縮小報表內其他視覺效果中顯示的資料集部分。舉例來說，如果只要顯示某幾位業務人員編號的視覺效果，就可以先在「視覺效果」窗格建立「交叉分析篩選器」，再於交叉分析篩選器物件勾選要顯示在報表的交叉分析篩選器物件，如此一來就可以在報表中只呈現勾選的業務人員編號的相關銷售數據。

Step **01**

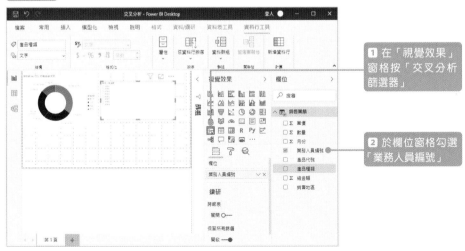

1 在「視覺效果」窗格按「交叉分析篩選器」

2 於欄位窗格勾選「業務人員編號」

Step **02**

1 選取交叉分析篩選器物件　　**2** 在「視覺效果」按「格式」鈕

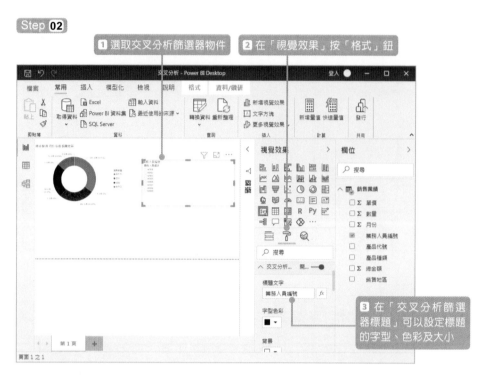

3 在「交叉分析篩選器標題」可以設定標題的字型、色彩及大小

Step **03**

展開「選取控制項」區段關閉「單一選取」，並關閉「以 CTRL 進行多重選取，就可以選取多個控制項

Step 04

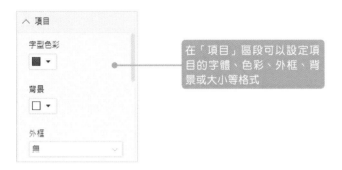

在「項目」區段可以設定項目的字體、色彩、外框、背景或大小等格式

Step 05

1 設定後的外觀

2 如要在標頭下產生搜尋列，請在交叉分析篩選器物件選擇右上方的 … 鈕

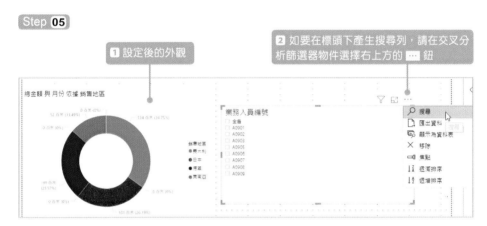

Step 06

業務人員編號

🔍 搜尋

☐ 全選
☐ A0901
☐ A0902
☐ A0903
☐ A0905
☐ A0906
☐ A0907
☐ A0908
☐ A0909

看到搜尋列了，在此可以輸入關鍵字，就會顯示和關鍵字相關的選項

Step 07

1 我們可以在「交叉分析篩選器」勾選所要顯示的資料項目

2 視覺效果物件就只會呈現被勾選的資料項目

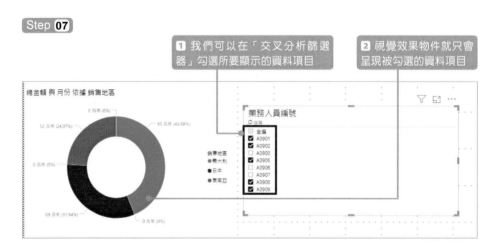

Step 08

另外原預設的「清單」模式，也可以按右上角的 ∨ 鈕，再修改成「下拉式清單」

Step 09

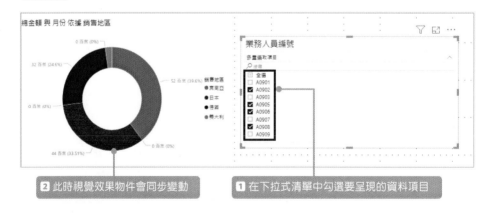

2 此時視覺效果物件會同步變動

1 在下拉式清單中勾選要呈現的資料項目

Step **10**

如果同一頁面有多個視覺效果物件，則會
根據「交叉分析篩選器」所勾選要顯示的
資料項目同步變動

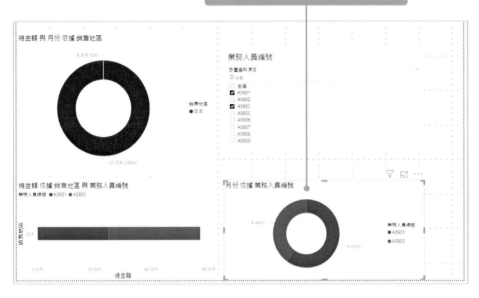

3-5-5 取得更多的視覺效果

如果目前內建在「視覺效果」窗格的視覺效果類別不符合您的需求，我們還
可以從外部來取得更多的視覺效果，不過要下載這些外部的視覺效果，必須
事先申請 Power BI 的帳號，因為在下載過程中會先要求您先登入帳號。有關
申請 Power BI 帳號的相關流程，各位可以參考「第 8 章雲端與行動平台超前
部署」的申請流程。各位不僅可以下載這些免費取得的視覺效果到 Power BI
Desktop，也可以將這些下載的視覺效果釘選到「視覺效果」窗格，來幫助各位
在 Power BI Desktop 或 Power BI 雲端平台建立生動活潑、圖文並茂的報表。接
下來就來為各位示範如何取得更多的視覺效果，請參考以下的操作步驟：

▶ 操作範例：視覺效果.pbix

Step **01**

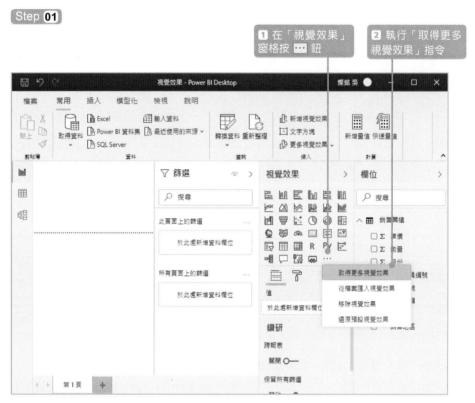

1 在「視覺效果」窗格按 ⚫⚫⚫ 鈕

2 執行「取得更多視覺效果」指令

Step **02**

1 輸入 Power BI 帳號

2 再按「登入」鈕

Step **03**

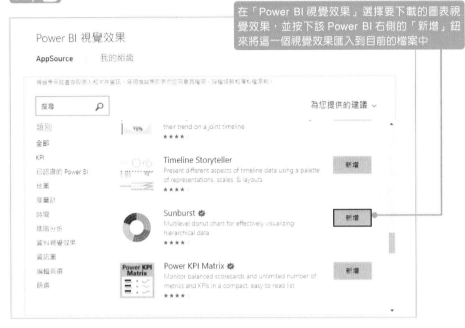

在「Power BI 視覺效果」選擇要下載的圖表視覺效果，並按下該 Power BI 右側的「新增」鈕來將這一個視覺效果匯入到目前的檔案中

Step **04**

再按「確定」鈕

Step **05**

可以看到已匯入的視覺效果

▼ 圖表視覺元件編輯與優化

Step **06**

1 接著請按「欄位」 🏢 鈕配置欄位

2 於「群組」欄配置「產品種類」及「銷售地區」欄位;「值」欄配置「總金額」欄位

Step **07**

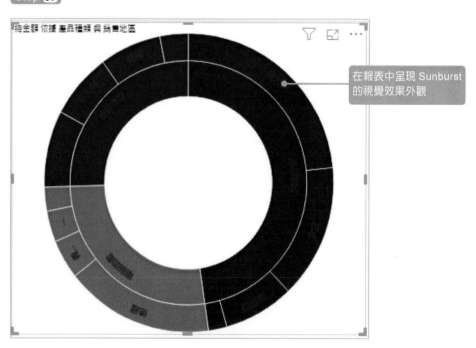

在報表中呈現 Sunburst 的視覺效果外觀

Step 08

各位可以在該視覺效果圖示按
滑鼠右鍵,並執行快顯功能表
中的「釘選到視覺效果窗格」

就可以在視覺效果窗口看到
該新增的視覺效果代表圖示

▼ 圖表視覺元件編輯與優化

Step 09

另外我們也可以利用關鍵字搜
尋的方式找到自己想下載的視
覺效果,例如此處輸入關鍵字
「histogram」,再按下 🔍 鈕

Step **10**

就會列出和關鍵字相關的視覺效果

Step **11**

除了關鍵字搜尋視覺效果的方式外，也可以直接利用類別來找尋所要新增的視覺效果，此圖為「AppSource」的「全部」類別

Step 12

Power BI 視覺效果

AppSource ／ 我的組織

類您單可能會在新人和文作資訊，某用增益集列表只切即會話難題，詳細集的相關私權資款。

搜尋 🔍

為您提供的建議 ⌄

類別
全部
KPI
已選取的 Power BI
地圖
按量計
時間
提階分析
資料視覺效果
資訊圖
編輯商黑
篩選

Visio Visual ✅
Bring your business activities to life in ways that only Microsoft Visio diagrams can visualize.
★★★
新增

1 按一下「地圖」超連結，就會列出地圖類別下的所有視覺效果

Globe Map
Plot locations on an interactive 3D map
★★★
新增

Drilldown Choropleth ✅
Displays a hierarchical map set with each location filled in a color from specified values.
★★★
新增

2 如果想進一步查看該視覺效果的細節，還可以直接按一下該視覺效果的代表圖示，例如此處請按一下「Globe Map」

Globe Data Bars ✅
An interactive and customizable 3D globe with data bars & tooltips
新增

▼ 圖表視覺元件編輯與優化

Step 13

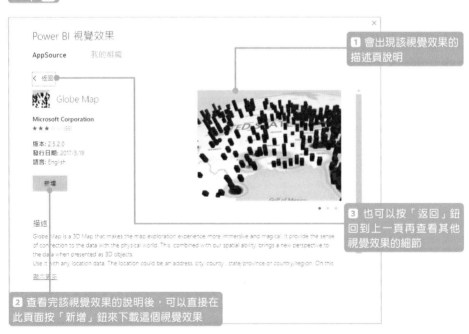

Power BI 視覺效果

AppSource ／ 我的組織

‹ 返回

Globe Map

Microsoft Corporation
★★★ (59)

版本：2.5.2.0
發行日期：2017/3/19
語言：English

新增

描述

Globe Map is a 3D Map that makes the map exploration experience more immersive and magical. It provide the sense of connection to the data with the physical world. This combined with our spatial ability, brings a new perspective to the data when presented as 3D objects.
Use it with any location data. The location could be an address, city, county , state/province or country/region. On this

顯示更多

1 會出現該視覺效果的描述頁說明

3 也可以按「返回」鈕回到上一頁再查看其他視覺效果的細節

2 查看完該視覺效果的說明後，可以直接在此頁面按「新增」鈕來下載這個視覺效果

Note

Power Query
資料整理真命天子

有些資料不一定可以透過 Excel 去開啟，再進行資料整理的工作，這時就可以先將資料匯入 Power BI，再藉助「Power Query 編輯器」進行資料的新增、刪除或修改等整理工作。例如：指定第一行為資料行標頭並變更名稱；新增、移除、複製、分割資料行；又例如資料整理相關工作，如變更資料類型、統一字母大小寫、去除空白字元或空白列、取代資料等。

4-1 Power Query 編輯器環境簡介

要開始介紹 Power Query 編輯器環境之前，必須先知道如何進入 Power Query 編輯器，步驟如下：開啟 Power BI Desktop，選取「常用 / 資料轉換」即可使用 Power Query。

除了這種方式外，也可以在取得資料時，於最後一個畫面直接按下「轉換資料」鈕，直接進入「Power Query 編輯器」。在「Power Query 編輯器」中可以針對所取得的資料進行整理、增刪或是資料轉換。下圖為「Power Query 編輯器」視窗外觀工作環境：

⊙ 功能區

由不同功能分類的索引標籤組成,其中「常用」索引標籤包括許多常用的功能,例如新增查詢、資料來源設定、常用查詢功能、資料行資料列的管理與縮減、資料排序、資料轉換…等。

⊙ 查詢窗格

顯示目前已取得的資料表項目,被選定的資料表,其資料內容會於中央窗格顯示。在「Power Query 編輯器」直向的資料稱為「資料行」(Excel 稱為欄),橫向的資料稱為「資料列」(Excel 稱為列)。

另外在中央窗格可以按下右鍵，在快顯功能提供許多功能針對資料表進行操作。

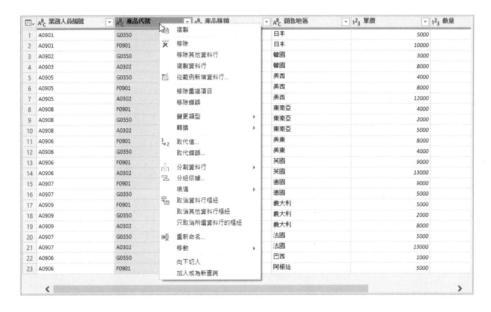

查詢設定窗格

此窗格可以設定及修改查詢的名稱，而在「Power Query 編輯器」視窗中任何資料的變更工作，會依序顯示在該視窗右側的「查詢設定」窗格的「套用的步驟」清單中，此處各位可以調整步驟的順序，也可以刪除步驟，但由於步驟之間有前後的關連性，不適當的步驟變更動作，會有警告訊息。

4-2 Power Query 編輯器基礎操作

本節將介紹 Power Query 編輯器的基礎操作，包括：資料表更名、移除資料行（列）、選擇資料行、變更資料行標頭名稱、移除重複項目資料列、複製查詢資料表、資料重新整理、變更資料來源及關閉並套用。

4-2-1 資料表更名

如果所匯入的資料表名稱不符合資料內容的含義，可以直接在「查詢設定」中的「內容」下的名稱輸入新的名稱，再按下 ENTER 鍵即可為資料表更名。

4-2-2 移除資料行（列）

對於不想保留的資料行，可以根據下圖作法將資料行移除，而下圖中的「移除其他資料行」則會移除沒有被選取的資料行。

同理,若要移除資料列,也可以依下圖功能表中的作法,指定刪除資料列的方式,例如可以指定頂端幾列資料列一併刪除、移除重複項目資料列,也可以隔行移除資料列。其中移除重複項目這項功能非常實用,它和 Excel 的「移除重複」功能非常接近,可以協助各位將該選取的資料行內資料值不會有重複現象。就好像有些資料行欄有唯一性,例如:身份證號碼或是收集單字的資料行,這個功能就可以移除重複項目的資料列。

4-2-3 選擇資料行

選擇資料行可以一次移除多個資料行,在「常用」索引標籤下選按「選擇資料行」,再勾選要保留的資料行,就可以一次將沒有被勾選到的多個資料行全部移除。

可以一次將沒有被勾選到的多個資料行全部移除

4-2-4 變更資料行標頭名稱

如果對現有的資料行標頭不滿意，也可以直接在要變更資料行標頭名稱連按兩下滑鼠左鍵，就可以直接輸入新的標頭名稱，並按下「Enter」鍵，就可以完成變更資料行標頭名稱的工作。

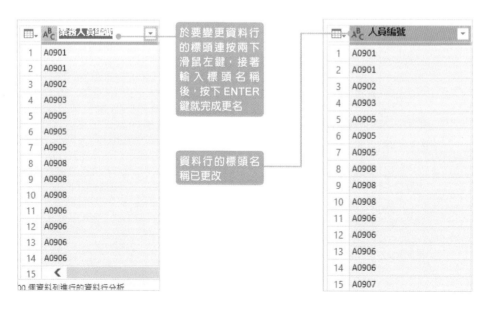

於要變更資料行的標頭連按兩下滑鼠左鍵，接著輸入標頭名稱後，按下 ENTER 鍵就完成更名

資料行的標頭名稱已更改

4-2-5 複製與刪除資料表

如果想針對某一資料表進行多項的查詢工作，在這種情況下，如果您想保留原來資料表的結構，不妨建議要進行資料的大整理前，先行複製查詢資料表後，再開始這些大幅度的資料整理工作。

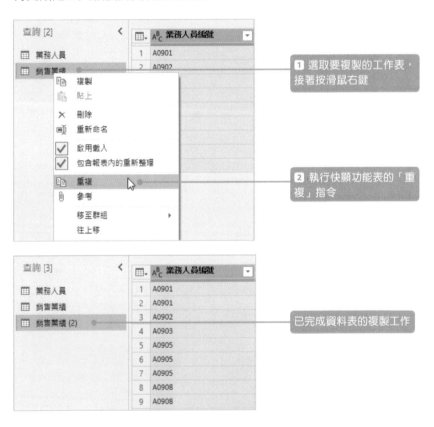

1 選取要複製的工作表，接著按滑鼠右鍵

2 執行快顯功能表的「重複」指令

已完成資料表的複製工作

相同的道理，執行快顯功能表中的「刪除」指令，會出現類似下圖「刪除查詢」的視窗，再按下「刪除」鈕，就可以將所指定的資料表予以刪除。

4-2-6　資料重新整理

當資料來源的資料內容有所變動時,為了確保目前的資料為最新的狀態,就必須參考如下圖所在位置,按下「重新整理預覽 / 重新整理預覽」來取得最新的資料內容。

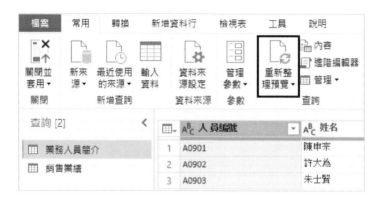

4-2-7　變更資料來源

Power BI Desktop 在取得資料時是以絕對路徑的方式來記錄原始資料的所在位置,當這份原始資料不小心更動到檔名或是變更了儲存的路徑時,當我們進入「Power Query 編輯器」時,就會出現找不到檔案的錯誤。如下圖所示:

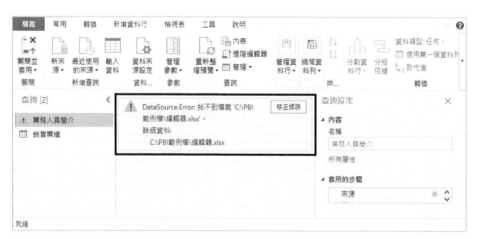

這時如果要變更資料來源，就可以依以下的作法取得資料來源的所在位置：

Step 01

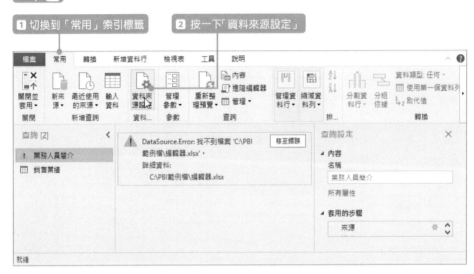

Step 02

Step **03**

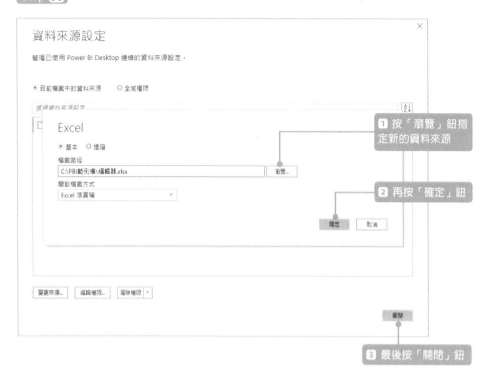

■ 按「瀏覽」鈕指定新的資料來源

2 再按「確定」鈕

3 最後按「關閉」鈕

Step **04**

在此可以按「重新整理預覽」來更新資料內容

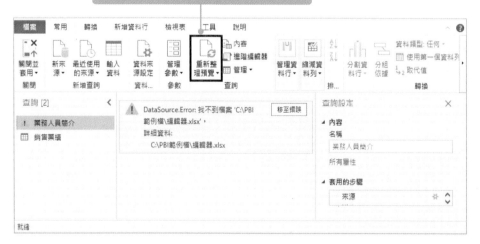

Step 05

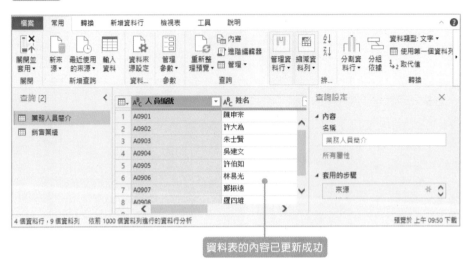

資料表的內容已更新成功

4-2-8 關閉並套用

在「Power Query 編輯器」調整好資料後，要回到 Power BI Desktop 主畫面時，必須先按「關閉並套用」鈕來套用在編輯器所調整的結果，如此一來，當回到 Power BI Desktop 主畫面時才可以使用這些經過調整修正的資料表內容，來顯示所設定的視覺效果的外觀。

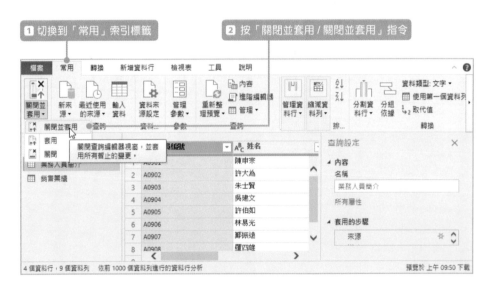

1 套用了 Power Query 編輯器的查詢結果，並回到 Power BI Desktop 的主程式視窗

2 各位可以切換到「資料」檢視模式，就可以看到經套用後的資料表結果

4-3 資料內容檢查與修正

Power BI 取得資料的來源很多，例如 Excel、Access、開放資料、CSV 文字檔…等，但是在匯入時有可能在資料的完備性不是太夠，這時就必須要有適當的資料整理工作。例如：資料的全型半型不一致、多了不必要的空白欄、字母大小寫需要統一、不同欄位的資料內容要進行合併…等，如果這些檔案可以使用 Excel 開啟，就會建議直接使用 Excel 進行資料的處理工作，但萬一某些資料無法使用 Excel 開啟則可以使用 Power BI 的編輯器進行資料的整理工作。接下來本章的重點就是談論如何在 Power Query 編輯器進行各種資料的處理。

4-3-1 調整字母大小寫

因為在資料表中字母的大小寫被視為不一樣的字母，如果要統一資料表內字母的大小寫問題，可以透過「格式」功能表來協助完成。底下將示範如何將字母統一改成小寫。

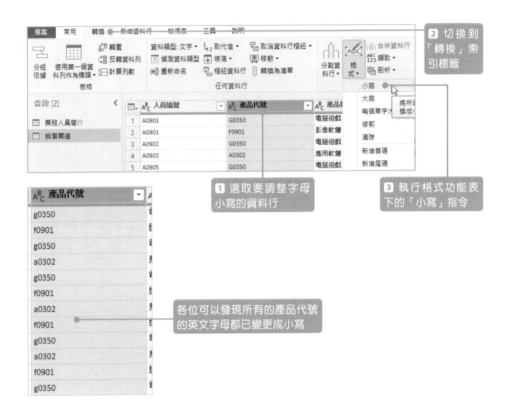

各位可以發現所有的產品代號的英文字母都已變更成小寫

4-3-2 修剪資料內容中的空白

對字串而言前後多了空白會被視為不同的字串,例如上例中人員編號 "A0901"、
"A0901 " 及 " A0901 " 會被判別成不同的資料,如果要移除資料前後的空白,就
可以透過格式功能表的修剪指令,就可以將資料中的前後空白去除掉。

4-3-3 移除空值（null）資料列

如果資料有空值，會出現 null 值，我們
可以將這些有空值的資料列移除，只要
利用篩選功能於有空值（null）的資料
行標頭按下右邊的下拉三角形，再直接
執行「移除空白」或取消勾選 null 再按
「確定」鈕。

4-3-4 移除錯誤

如果要移除有 error 的不正確資料列，可以透過以下的作法移除錯誤。作法如
下：

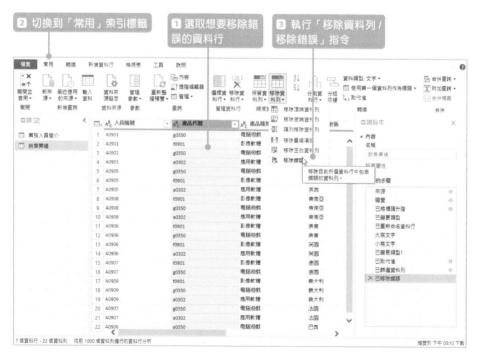

4-3-5 資料內容的取代

要取代資料可以用取代功能，作法如下：

Step **01**

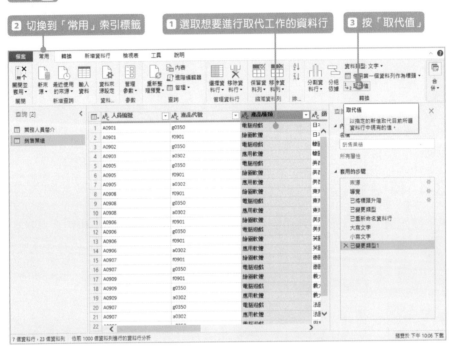

2 切換到「常用」索引標籤

1 選取想要進行取代工作的資料行

3 按「取代值」

Step **02**

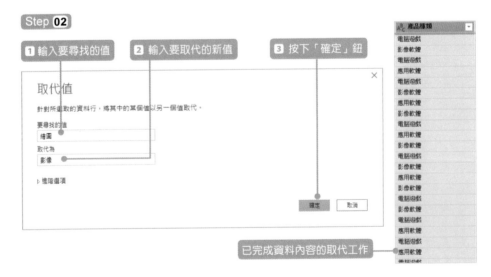

1 輸入要尋找的值

2 輸入要取代的新值

3 按下「確定」鈕

已完成資料內容的取代工作

4-3-6 為資料新增首碼與尾碼

如果想為資料前後加上特定的字串，可以利用格式功能表來為資料新增首碼與
尾碼，作法如下：

Step 01

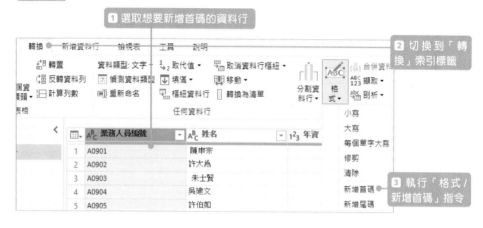

Step 02

4-4 資料行的進階操作

還有一些資料行的進階操作，例如新增條件資料行、新增索引資料行、複製資料行、複製資料行、分割資料行內容⋯等，此節將分別介紹。

4-4-1 新增條件資料行

這項功能可以依自己設定的條件來呈現資料行內容，作法如下：

Step 01

按一下「新增資料行」索引標籤下的「條件資料行」

Step 02

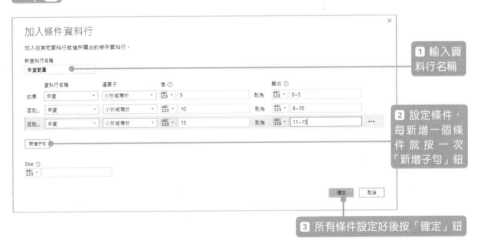

1 輸入資料行名稱

2 設定條件，每新增一個條件就按一次「新增子句」鈕

3 所有條件設定好後按「確定」鈕

	▼	$1^2{}_3$ 年資	▼	$1^2{}_3$ 底薪	▼	ABC 123 年資範圍	▼
1		10		50000		6~10	
2		12		42000		11~15	
3		8		36000		6~10	
4		5		38000		0~5	
5		6		36000		6~10	
6		9		46000		6~10	
7		10		52000		6~10	
8		12		54000		11~15	
9		11		56000		11~15	

多出一個「年資範圍」的資料行

4-4-2　新增索引資料行

和新增條件資料行有點不同，這項功能也會新增一個資料行，該資料行會以 0 或 1 或自訂值的三種其中之一的開頭，填入連續編號到最後一筆資料行，這種具有索引值功能的資料行可以讓原先兩份沒有關聯的資料表，透過新增索引資料行產生兩份資料表間的關聯，就可以有更多樣化的資料分析的結果產生。

4-4-3　複製資料行

顧名思義這項功能可以複製所選取的資料行，此項功能位於「新增資料表」索引標籤中。

▼ Power Query 資料整理真命天子

4-4-4　自訂資料行

自訂資料行可以依自己所設定的公式來建立新的資料行，例如因為疫情公司決定調降每位員工的底薪為 8 成，該如何自訂此需求的工作列，作法如下：

Step **01**

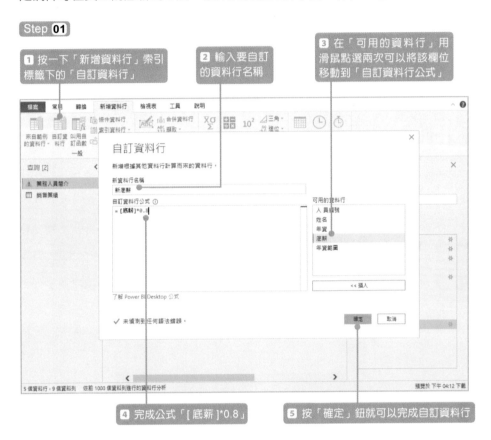

❶ 按一下「新增資料行」索引標籤下的「自訂資料行」

❷ 輸入要自訂的資料行名稱

❸ 在「可用的資料行」用滑鼠點選兩次可以將該欄位移動到「自訂資料行公式」

❹ 完成公式「[底薪]*0.8」

❺ 按「確定」鈕就可以完成自訂資料行

Step **02**

	1²₃ 底薪	ABC 123 年資範圍	ABC 123 新底薪
1	10	50000 6~10	40000
2	12	42000 11~15	33600
3	8	36000 6~10	28800
4	5	38000 0~5	30400
5	6	36000 6~10	28800
6	9	46000 6~10	36800
7	10	52000 6~10	41600
8	12	54000 11~15	43200
9	11	56000 11~15	44800

產生新底薪的自訂資料行

4-4-5 來自範例的資料行

這項功能目前只有文字或日期資料型態有用，它會依據第一列指定的資料拆分方式，來自動完成其他列的資料拆分工作。

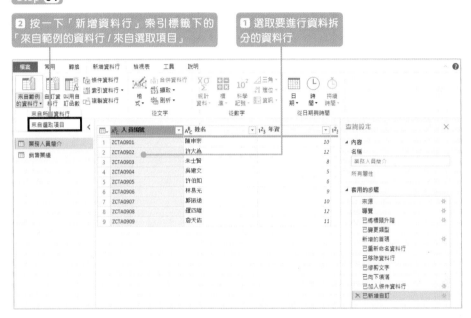

2 按一下「新增資料行」索引標籤下的「來自範例的資料行／來自選取項目」

1 選取要進行資料拆分的資料行

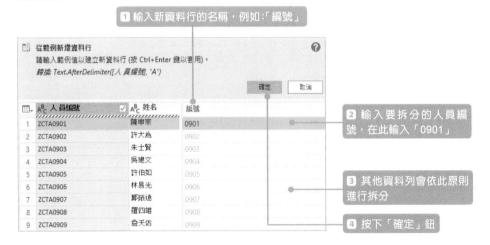

1 輸入新資料行的名稱，例如：「編號」

2 輸入要拆分的人員編號，在此輸入「0901」

3 其他資料列會依此原則進行拆分

4 按下「確定」鈕

Step **03**

	ABC 123 年資範圍	ABC 123 新底薪	A^B_C 編號
1	00 6~10	40000	0901
2	00 11~15	33600	0902
3	00 6~10	28800	0903
4	00 0~5	30400	0904
5	00 6~10	28800	0905
6	00 6~10	36800	0906
7	00 6~10	41600	0907
8	00 11~15	43200	0908
9	00 11~15	44800	0909

完成「來自範例的資料行」資料拆分工作

4-4-6 分割資料行內容

我們可以依分隔分號、依字元數、依位置、依小寫到大寫、依大寫到小寫…等方式來分割資料行內容,接著將示範「依非數字到數字」的資料行內容分割方式。

Step **01**

1 選取要進行資料分割的資料行

2 按一下「轉換」索引標籤下的「文字資料行 / 分割資料行 / 依非數字到數字」

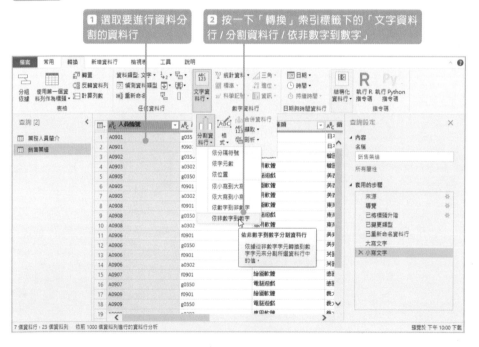

Step 02

	A^B_C 人員編號.1 ▼	A^B_C 人員編號.2 ▼
1	A	0901
2	A	0901
3	A	0902
4	A	0903
5	A	0905
6	A	0905
7	A	0905
8	A	0908
9	A	0908
10	A	0908
11	A	0906
12	A	0906
13	A	0906
14	A	0906
15	A	0907
16	A	0907
17	A	0909
18	A	0909
19	A	0909

完成資料行分割動作

Step 03

如果要回復上一步驟，可以在此刪除所套用的步驟

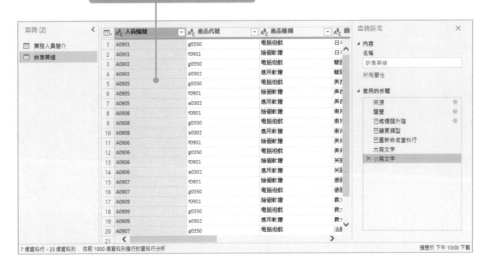

Step 04

又回復到未分割資料行的資料內容

4-5 資料類型的偵測與變更

Power BI 的資料類型非常多元，常見的資料類型有小數、整數、文字、日期…等，通常在資料取得，Power BI 會自動偵測資料類型，並自行調整該資料行適合的資料類型，但萬一所設定的資料類型不符合自己的期待，也可以強制重新指定資料類型。接著我們就來看看如何偵測資料類型及重新指定資料類型。

4-5-1 偵測資料類型

想要偵測資料類型，可以事先選定要偵測資料類型的資料行，接著就可以透過「轉換」索引標籤下的「偵測資料類型」指令來偵測資料類型。

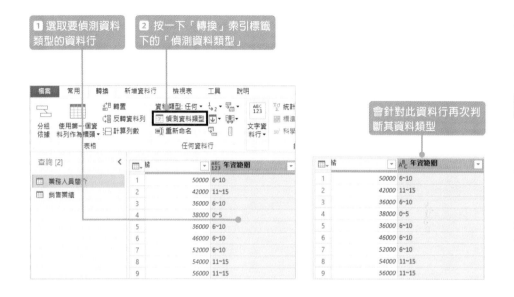

4-5-2 重新指定資料類型

在還沒有開始介紹如何重新指定資料類型前,我們先來介紹常見的資料類型。如果能對各種資料類型的特性有所了解,就可以更加精準決定該將哪些資料行的資料以手動方式指定成適合的資料類型,也更能在資料分析過程中完全展現該資料行應有的特性。下表整理出各種常用資料類型的特性說明。

資料類型	說明
數字	例如整數、小數、位數固定的小數、百分比等。其中整數的最多有效位數允許 19 位。位數固定小數也是 19 位但是小數點右側為 4 位數。另外也可以將小數點轉換為百分比,例如 0.15 等於 15%。
日期及時間	這種資料類型區分為「日期 / 時間」、「日期」、「時間」、「日期 / 時間 / 時區」、「持續時間」。其中「持續時間」會以 10 進位的數字來表示時間長度。
文字	可以是數字、字串或將日期以文字格式表示,最大字串長度為 268,435,456 字元。
True/False	True/False 的布林值。

接下來將示範如何將整數資料型態轉換為小數資料型態：

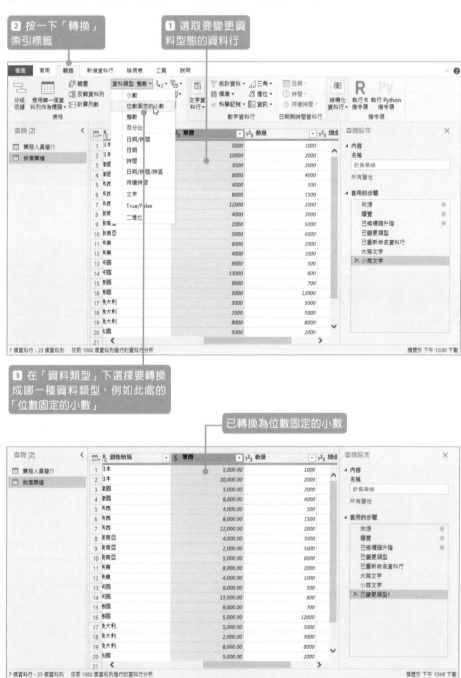

4-5-3 將日期資料轉換為年 / 月 / 日

日期資料常會出現在各種商務資料表內容中，這種資料類型可以搭配各種不同的日期層級展現出不同資料內容的視覺效果。要將日期資料轉換為不同層級的日期資料，可以藉助「轉換」索引標籤的「日期」選單下的各種子選單去進行轉換。下圖就是「轉換」索引標籤的「日期」選單。

至於日期選單中的各項子選單中可以轉換到哪一種日期層級的類型，則可以參考下列的各種子選單：

4-6 附加查詢與合併查詢

在 Power Query 編輯器中，可以使用附加查詢於主資料表最後一筆資料列加入
更多的資料記錄，要能在主資料表中縱向合併資料，所讀入的資料表欄位結構
必須和主資料欄位結構一致才可以合併。另外，如果想合併兩份不同的資料
表，則必須使用合併查詢，但是前提是所合併的兩份資料表間必須要有一個相
互關聯的欄位才可正確合併。

4-6-1 附加查詢

此處將示範將底下三個資料表合併為一份資料表：

1²₃ 識別代號	Aᴮ𝒸 姓名	1²₃ 銷售額
1001	陳申宗	540000
1002	許建文	320000
1003	陳朋曉	550000
1004	吳建文	400000
1005	陳芸麗	640000

1²₃ 識別代號	Aᴮ𝒸 姓名	1²₃ 銷售額
2001	胡建文	876000
2002	吳育光	560010
2003	林伯如	412000
2004	許大慶	364000
2005	鐘銘誠	584000

1²₃ 識別代號	Aᴮ𝒸 姓名	1²₃ 銷售額
3001	鄭麗坟	560000
3002	宗大君	360000
3003	賴錦全	470000
3004	許天佑	386400
3005	李仁偉	612000

我們可以用附加查詢的功能將上述三個資料合併為一份資料表：

	1²₃ 識別代號	ᴬᵇ𝒸 姓名	1²₃ 銷售額
1	1001	陳申宗	540000
2	1002	許建文	320000
3	1003	陳朋曉	550000
4	1004	吳建文	400000
5	1005	陳芸麗	640000
6	2001	胡建文	876000
7	2002	吳育光	560010
8	2003	林伯如	412000
9	2004	許大慶	364000
10	2005	鐘銘誠	584000
11	3001	鄭麗玫	560000
12	3002	宗大君	360000
13	3003	賴錦全	470000
14	3004	許天佑	386400
15	3005	李仁偉	612000

接著就來看看如何在 Power Query 編輯器使用附加查詢：

Step **01**

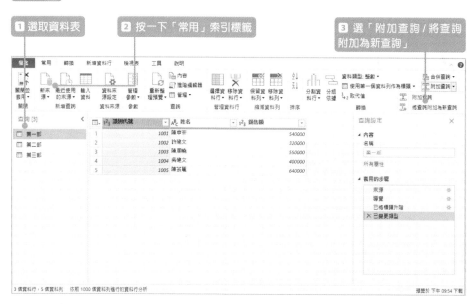

Step 02

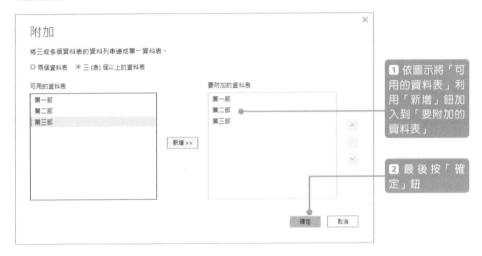

1 依圖示將「可用的資料表」利用「新增」鈕加入到「要附加的資料表」

2 最後按「確定」鈕

Step 03

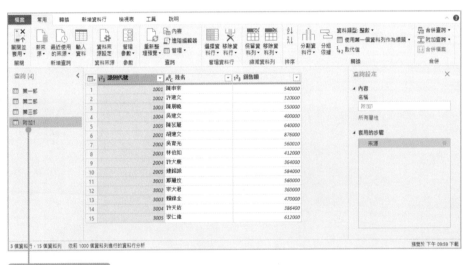

已產生新的附加查詢的新資料表

Step 04

用滑鼠按兩下就可以進行重新命名，最後記得執行「常用」索引標籤下的「關閉並套用 / 關閉並套用」來讓資料表完成套用這次合併查詢的結果

4-6-2 合併查詢

以下將學生資料表及老師資料表進行合併查詢：

	ABC 學生編號	ABC 姓名	ABC 性別	ABC 就讀班級	ABC 專長
1	stu001	林宜訓	男	忠班	音樂
2	stu002	吳文慶	男	孝班	程式
3	stu003	許建光	男	仁班	運動
4	stu004	葉怡慧	女	忠班	語文
5	stu005	鄭芸芸	女	愛班	音樂
6	stu006	林建宏	男	忠班	政治
7	stu007	施明倩	女	仁班	美術
8	stu008	許大為	男	孝班	運動
9	stu009	王麗君	女	忠班	數理
10	stu010	古昌明	男	愛班	程式

	ABC 老師編號	ABC 班級名稱	ABC 導師名字
1	tea01	忠班	陳大慶
2	tea02	孝班	黃憲銘
3	tea03	仁班	王建宏
4	tea04	愛班	鍾文君

合併的結果如下：

		ABC 姓名	ABC 性別	ABC 就讀班級	ABC 專長	ABC 老師.導師名字
1		林宜訓	男	忠班	音樂	陳大慶
2		葉怡慧	女	忠班	語文	陳大慶
3		吳文慶	男	孝班	程式	黃憲銘
4		許建光	男	仁班	運動	王建宏
5		鄭芸芸	女	愛班	音樂	鍾文君
6		林建宏	男	忠班	政治	陳大慶
7		施明倩	女	仁班	美術	王建宏
8		許大為	男	孝班	運動	黃憲銘
9		王麗君	女	忠班	數理	陳大慶
10		古昌明	男	愛班	程式	鍾文君

接著就來看看如何在 Power Query 編輯器使用合併查詢：

Step **01**

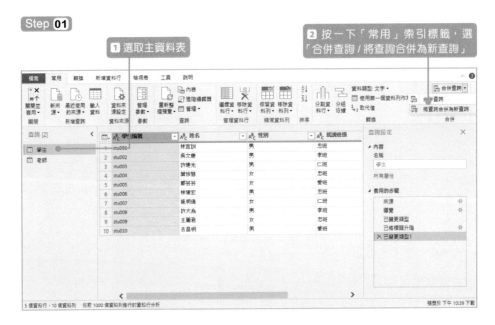

Step **02**

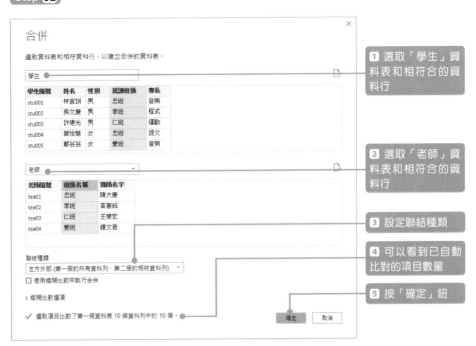

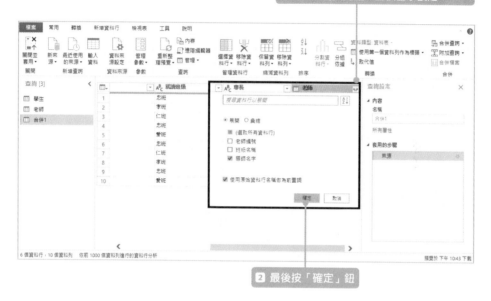

1 執行合併查詢後，接著可以展開指定的欄位，請按此鈕，並依圖示設定

2 最後按「確定」鈕

4-7 其他 Power Query 實用功能

接下來將介紹一些其他實用的功能，例如分組依據、變更套用的步驟…等。

4-7-1 依特定欄位項目分組

有時需要將資料內容依特定欄位項目分組並進行數值的運算，例如依各場次的得分王名字加總各場次比賽的得分，這個時候就可以藉助分組依據的功能。不過這個功能會改變原先資料表的結構，所以使用上要特別小心。

Step 01

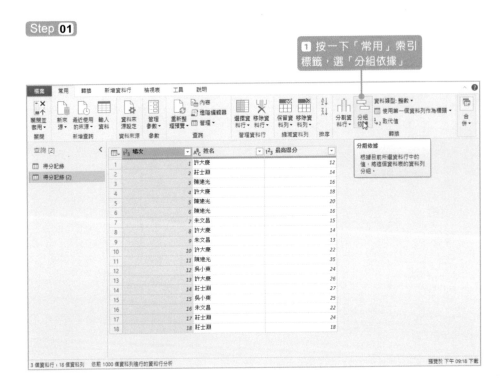

① 按一下「常用」索引標籤,選「分組依據」

Step 02

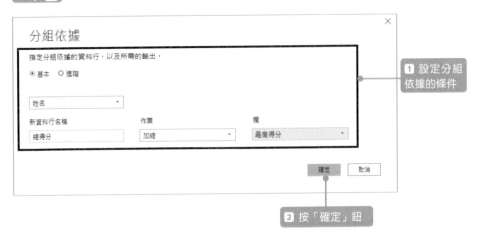

① 設定分組依據的條件

② 按「確定」鈕

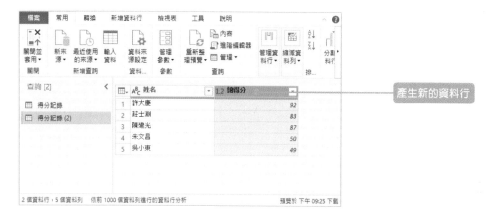

產生新的資料行

4-7-2 變更套用的步驟

延續上例,當資料在 Power Query 編輯器所做的變更,所有變更的步驟會顯示在右側的「查詢設定」窗格中的「套用的步驟」,若想查看之前某一個步驟的套用情況,則可以直接於「套用的步驟」清單中點選要查看的步驟項目名稱,就可以顯示出該步驟套用的情況。如下圖所示:

直接於「套用的步驟」清單中點選要查看的步驟名稱,就可以顯示出該步驟套用的情況

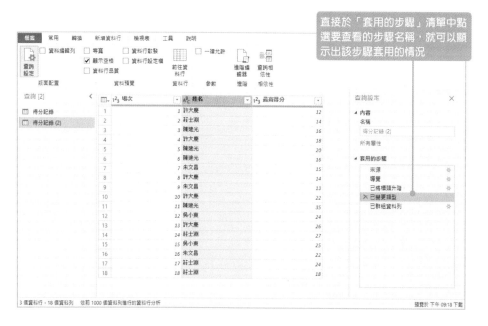

如果所設定的查詢步驟想要進行重新查詢或修正，也可以在該步驟項目上按一下滑鼠右鍵，並於快顯功能表中執行「刪除」指令，就可以將該步驟刪除。但如果想要將該步驟後續的步驟全部刪除，則可以執行快顯功能表中「刪除到結尾」指令。

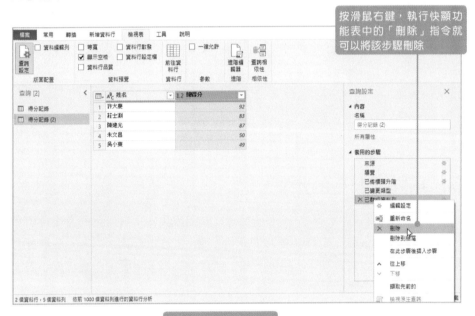

按滑鼠右鍵，執行快顯功能表中的「刪除」指令就可以將該步驟刪除

已完成步驟的變更動作

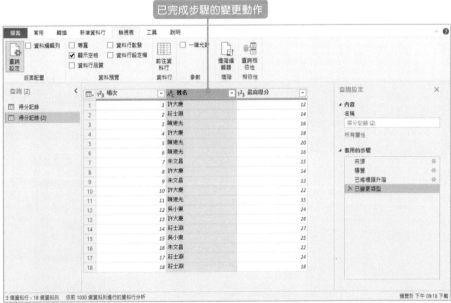

4-7-3 取消資料表的樞紐

Power BI 編輯器的「取消資料表的樞紐」，可以幫助各位快速變動資料表結構，當來源資料表的結構有所改變，同時也會改變視覺化呈現的方式。接著就來示範如果原先的資料外觀如下：

店名	珍珠奶茶	天婦羅	鹽酥雞	拉麵	鐵板燒
美食一街	250000	146000	312000	412000	512000
美食二街	312000	158000	320000	413000	517000
美食三街	268000	176000	345000	478000	480000
美食四街	169000	188200	360000	364000	465000
美食五街	210050	146980	354036	350000	486000

我們可以透過「取消資料表的樞紐」功能，快速將上面的資料表結構改變成如下的資料表結構，讓每一列資料表都只有一個觀察數值。

店名	商品名稱	銷售額
美食一街	珍珠奶茶	250000
美食一街	天婦羅	146000
美食一街	鹽酥雞	312000
美食一街	拉麵	412000
美食一街	鐵板燒	512000
美食二街	珍珠奶茶	312000
美食二街	天婦羅	158000
美食二街	鹽酥雞	320000
美食二街	拉麵	413000
美食二街	鐵板燒	517000
美食三街	珍珠奶茶	268000
美食三街	天婦羅	176000
美食三街	鹽酥雞	345000
美食三街	拉麵	478000
美食三街	鐵板燒	480000
美食四街	珍珠奶茶	169000
美食四街	天婦羅	188200
美食四街	鹽酥雞	360000
美食四街	拉麵	364000
美食四街	鐵板燒	465000
美食五街	珍珠奶茶	210050
美食五街	天婦羅	146980
美食五街	鹽酥雞	354036

作法如下：

Step **01**

① 選取資料表

③ 按一下「轉換」索引標籤，選「取消資料行樞紐」

② 選按「珍珠奶茶」資料行，再配合 CTRL 鍵選取右側的各種產品資料行

Step **02**

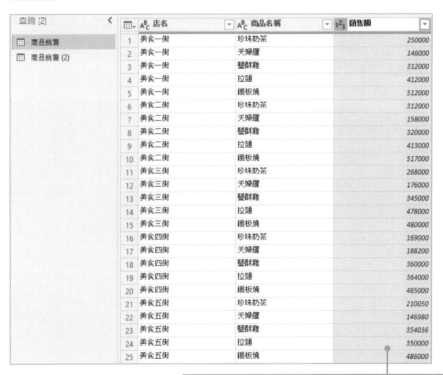

完成資料結構的轉換，讓每一列資料表都只有一個觀察數值

剛才示範是一種左邊有店名 1 個維度，且上方有產品名稱 1 個維度的資料表結構。但如果左邊有 1 個維度且上方有 2 個維度，如下所示：

Column1	珍珠奶茶	Column3	天婦羅	Column5	鹽酥雞	Column7	拉麵	Column9	鐵板燒	Column11
店名	早班	晚班	早班	晚班	早班	晚班	早班	晚班	早班	晚班
美食一街	120000	1124440	78000	81200	145000	134000	200000	214000	205000	241000
美食二街	180000	1456000	76000	81400	148000	136000	205000	210000	250000	250000
美食三街	1680000	146000	72000	80000	147000	132000	204000	218000	240000	269840
美食四街	146000	102000	74000	84000	142000	131000	215000	216000	238000	247816
美食五街	125000	110322	75000	823650	138000	125000	220000	224000	226000	241768

那該如何轉換？遇到這種情形必須先利用轉置功能將位於上方的維度轉到左側，這是因為「取消資料行樞紐」功能只能指定一個維度。作法如下：

Step 01

按一下「轉換」索引標籤，選「轉置」

Step 02

1 按此鈕　　2 執行「使用第一個資料列作為標頭」

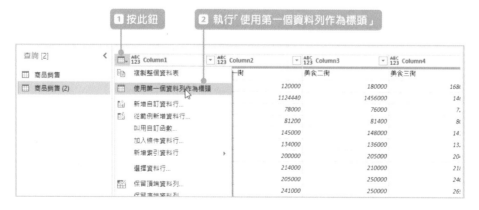

Step 03

① 選按「美食一街」資料行，再配合 CTRL 鍵選取右側的資料行

② 按一下「轉換」索引標籤，選「取消資料行樞紐」

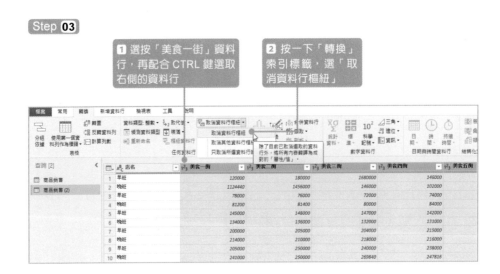

Step 04

	AB 早晚班別	AB 商店名籍	123 銷售籍
1	早班	美食一街	120000
2	早班	美食二街	180000
3	早班	美食三街	1680000
4	早班	美食四街	146000
5	早班	美食五街	125000
6	晚班	美食一街	1124440
7	晚班	美食二街	1456000
8	晚班	美食三街	146000
9	晚班	美食四街	102000
10	晚班	美食五街	110322
11	早班	美食一街	78000
12	早班	美食二街	76000
13	早班	美食三街	72000
14	早班	美食四街	74000
15	早班	美食五街	75000
16	晚班	美食一街	81200
17	晚班	美食二街	81400
18	晚班	美食三街	80000
19	晚班	美食四街	84000
20	晚班	美食五街	823650
21	早班	美食一街	145000
22	早班	美食二街	148000
23	早班	美食三街	147000
24	早班	美食四街	142000
25	早班	美食五街	138000

已完成資料表結構的變更，各位可以依需求重新命名資料行名稱，如果要套用，最後記得執行「常用」索引標籤下的「關閉並套用 / 關閉並套用」來讓資料表套用資料表結構的變更

視覺效果應用專題——
以股票操作績效統計
分析為例

本例的範例檔為「我是股神 .pbix」，該檔案的資料來源是「我是股神 .xlsx」，這份工作表包括：報名編號、姓名、股齡、參賽地區、身份類別、獲利金額等六個欄位。本章將以股票操作績效統計分析實作各種不同圖表類型的呈現與比較。這些要製作的視覺效果物件包括：圓形圖、折線與群組直條圖、群組直條圖、卡片與多列卡片、樹狀圖、區域分佈圖及地圖、漏斗圖、交叉分析篩選器…等。最後會將所有報表所完成的視覺效果物件整合在一個全新的報表，並搭配交叉分析篩選器提供各位一種即時互動的圖表外觀。底下為本資料表的內容，共有 500 筆資料。

報名編號	姓名	股齡	性別	參賽地區	身份類別	獲利金額
stock071	宋昌儀	3	男	台中市	上班族	11600000
stock072	陳友善	3	男	台中市	上班族	11700000
stock073	蔡伯婷	3	女	台中市	上班族	11800000
stock074	李智雄	3	男	台中市	上班族	11900000
stock075	彭玉梅	3	男	台中市	上班族	12000000
stock076	許文瑜	3	男	台中市	上班族	12100000
stock077	葉家弘	3	男	台中市	上班族	100000
stock235	鄭明善	3	男	新北市	上班族	7858000
stock236	洪奎年	3	男	桃園市	上班族	7968000
stock237	陳柏鈞	3	男	台南市	上班族	8078000
stock238	黃桂利	3	男	新北市	上班族	8188000
stock239	黃鴻成	3	男	桃園市	上班族	8298000
stock240	鄭俊寧	3	男	台南市	上班族	8408000
stock241	謝明行	3	男	新北市	上班族	8518000
stock242	吳德漢	3	男	桃園市	上班族	8628000
stock243	林偉智	3	男	台南市	上班族	8738000
stock244	姚慧瑄	3	女	新北市	上班族	8848000
stock245	黎浩麟	3	男	桃園市	上班族	8958000
stock246	胡書琦	3	男	台南市	上班族	9068000
stock247	吳俊鷹	3	男	新北市	上班族	9178000
stock248	林蕙致	3	男	桃園市	上班族	9288000

經各種報表的實作後，最後將各報表的視覺效果整合在同一份報表中，並同時為這份報表命名為「整合性報表」。

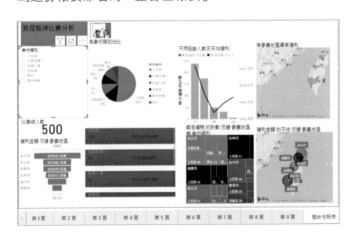

5-1 建立圓形圖

首先我們將建立圓形圖,透過不同的顏色及形狀大小來顯示這次參加股神大賽的各「身份類別」在整體 (100%) 中的占比。此外我們還可以在圓形圖各占比的旁邊加註這次參賽人數的「身份類別」(包括:學生、上班族、全職投資人、菜籃族、投顧人員、學校老師) 的占比。底下為建立圓形圖的參考步驟:

Step 01 建立圓形圖

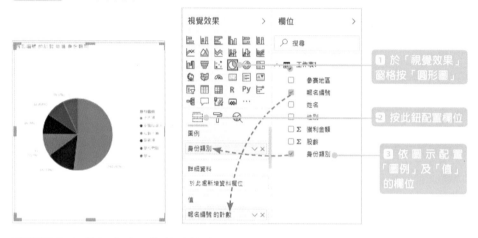

Step 02 調整視覺效果物件的格式、大小與位置

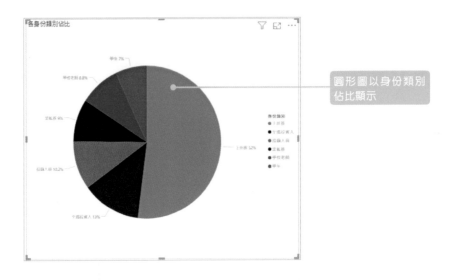

5-2 建立折線與群組直條圖

在建立折線與群組直條圖前,請按「新增頁面」 + 鈕新增一個報表頁面,以便將要新建立的折線與群組直條圖放置在此新增的空白報表頁面。下圖為新增的空白頁面。

Step 01 新增空白頁面

Step 02 如果想在視覺效果圖表中表達兩種不同的量值時，例如各股齡區間的人數統計及平均獲利金額，這種情況就挑選可以同時顯示兩種刻度的折線與群組直條圖或折線與堆疊圖，接著就來示範如何建立折線與群組直條圖。

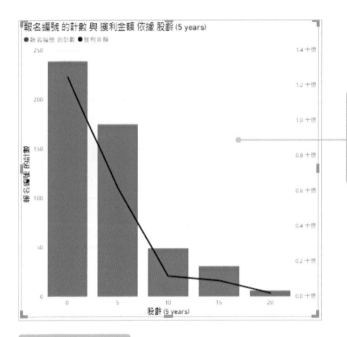

會依據「股齡」分別秀出
報名編號的計數及獲利金
額的總數,如果要放大檢
視,可以在圖形下方 (或
上方) 按一下 ⊡ 鈕進入
焦點模式

按此鈕就可以回到報表

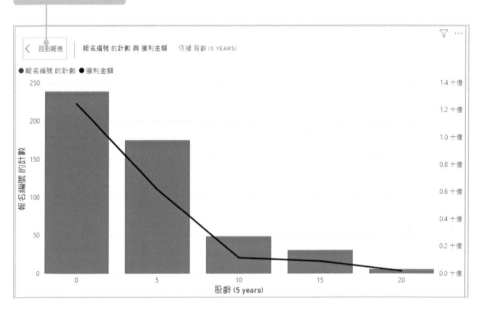

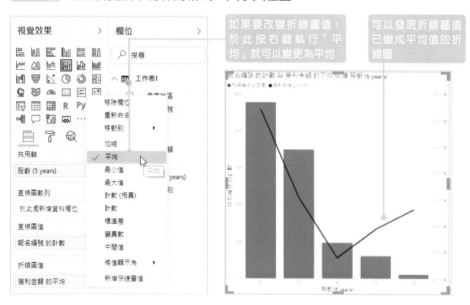

如果要改變折線圖值，於此按右鍵執行「平均」就可以變更為平均

可以發現折線圖值已變成平均值的折線圖

1 若要調整格式，請按「格式」鈕

2 可以改變資料色彩及標題文字

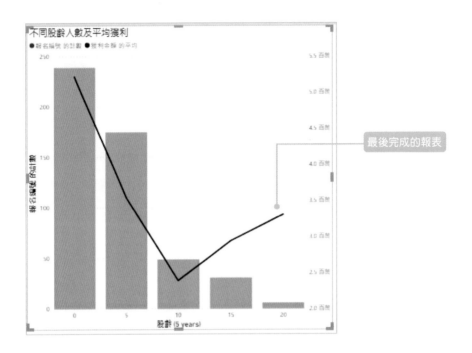

延續上例,請按「新增頁面」 ＋ 鈕新增「第 3 頁」報表頁面。

Step 01 我們要在這個新的報表頁面以「群組橫條圖」來分析不同「參賽地區」獲利金額的佔比分配。

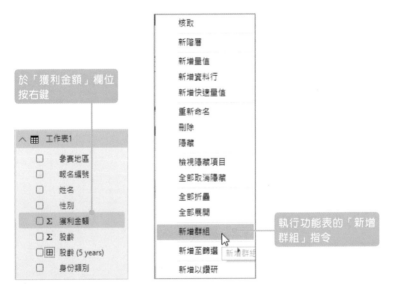

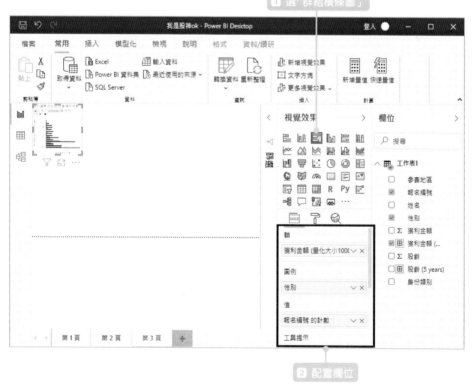

05

Step 02 並將值顯示為「總計百分比」

❶ 會依所設定的格式顯示視覺效果元件

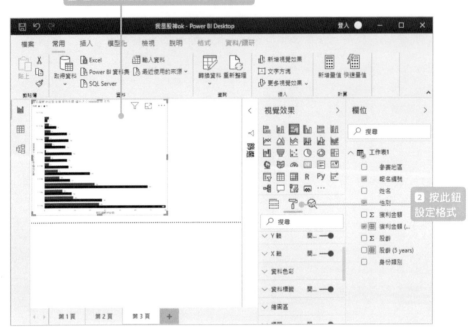

❷ 按此鈕設定格式

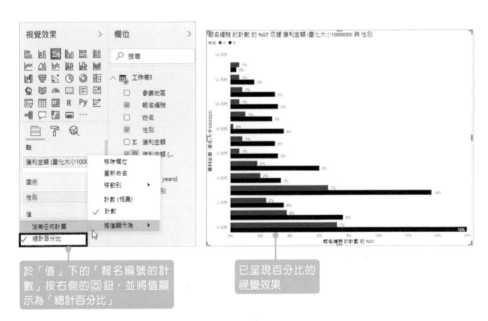

於「值」下的「報名編號的計數」按右側的 ☑ 鈕,並將值顯示為「總計百分比」

已呈現百分比的視覺效果

5-3 建立卡片與多列卡片

有時您在 Power BI 儀表板或報告中追蹤的最重要項目是一個單一數字,例如總獲利金額、參加總人數,或最高獎金。這類型的視覺效果稱為「卡片」。接著請在新的報表頁面建立卡片及多列卡片。操作過程如下:

Step 01 在新的報表頁面建立卡片

① 於「視覺效果」窗格按「卡片」鈕

② 按「欄位」鈕配置欄位

③ 勾選「報名編號」,預設為「前 報名編號 個」

Step 02 秀出比賽的參加總人數

於「報名編號」右側選按☑,並於功能表執行「計數」指令

Step 03 建立多列卡片

「報名編號」右側按 ☑，
於選單中勾選「計數」

Step 04 秀出獲利金額最大值

「獲利金額」右側按 ☑，於
選單中勾選「最大值」

▼
視覺效果應用專題──以股票操作績效統計分析為例

Step 05 調整視覺效果物件的格式，改變標題及色彩

1 按 🖌 設定格式，可以依需求改變標題及色彩

2 按 ⤢ 可以進入焦點模式

進入焦點模式後視覺效果就更清楚了，按此鈕可以回到報表

< 回到報表

| 上班族 | |
| 260 | 13468000 |

| 全職投資人 | |
| 65 | 6600000 |

| 投顧人員 | |
| 51 | 10800000 |

| 其他族 | |
| 45 | 6700000 |

| 學生 | |
| 35 | 11500000 |

2 於此可以設定數值的顯示方式，可以加入以 NT$ 的方式來顯示金額

1 選取「獲利金額」

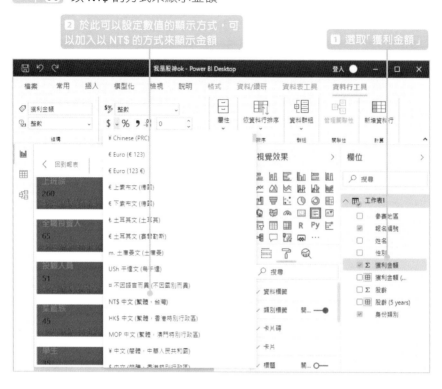

2 按「回到報表」

1 所有各類別的獲利金額最大值都以 NT$ 的方式來呈現

視覺效果應用專題──以股票操作績效統計分析為例

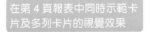

在第 4 頁報表中同時示範卡片及多列卡片的視覺效果

5-4 建立樹狀圖

矩形式樹狀結構圖會將階層式資料顯示成一組巢狀矩形。每個階層層級會以包含較小矩形表示，不同的矩形色彩也可以自行指定。這種類別的視覺效果適用被應用在有大量階層式資料。例如本範例中的各參賽地區可以細分為男女不同性別，也可細分不同身份類別。另外 Power BI 會根據測量值決定每個矩形內的空間大小。矩形會依大小從左上角（最大）排列到右下角（最小）。底下為建立樹狀圖的參考步驟：

Step 01 建立樹狀圖及配置欄位

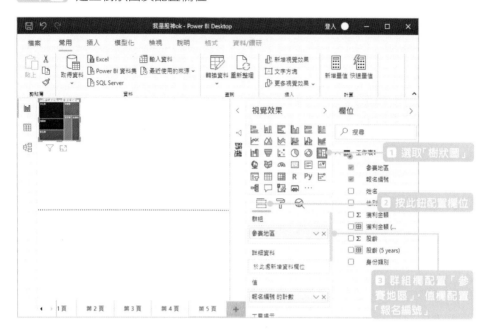

Step 02 要為各群組標示詳細資料

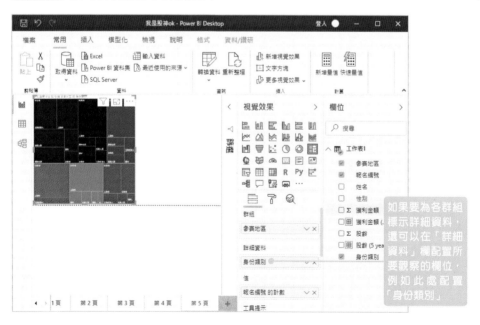

Step 03 編輯視覺效果格式

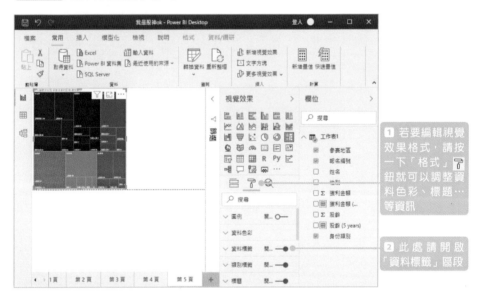

❶ 若要編輯視覺效果格式，請按一下「格式」鈕就可以調整資料色彩、標題…等資訊

❷ 此處請開啟「資料標籤」區段

Step 04 查看詳細資料

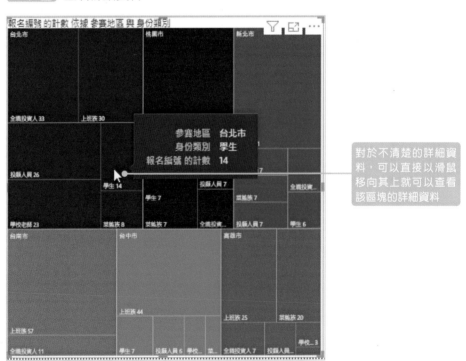

對於不清楚的詳細資料，可以直接以滑鼠移向其上就可以查看該區塊的詳細資料

5-5 建立區域分佈圖及地圖

在所分析的資料中如果有包含地區的量化問題，例如要統計某個地區的銷售總量或獲利總量，如果各位希望直接在地圖上呈現，這種情況下就可以使用區域分佈圖及地圖兩種視覺效果類型。區域分佈圖會在不同地理位置或地區呈現出色彩，可使用範圍介於淺色 (較不常見 / 較低) 到深色 (較常見 / 較多) 的陰影來表現不同地區或地理位置數值大小的不同。底下為建立區域分佈圖的參考步驟：

Step 01 建立區域分布圖

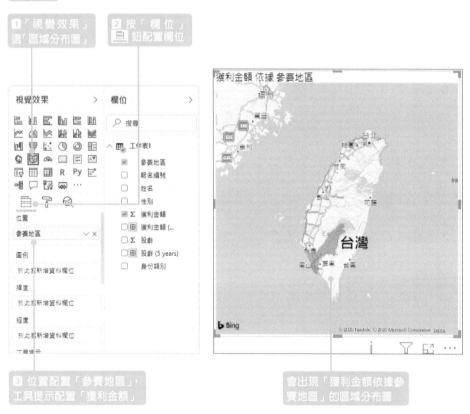

① 「視覺效果」選「區域分布圖」

② 按「欄位」鈕配置欄位

③ 位置配置「參賽地區」，工具提示配置「獲利金額」

會出現「獲利金額依據參賽地區」的區域分布圖

1 先選取「參賽地區」欄位

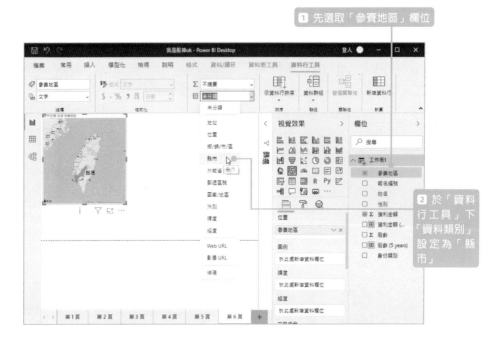

2 於「資料行工具」下「資料類別」設定為「縣市」

圖形會依所在縣市來呈現

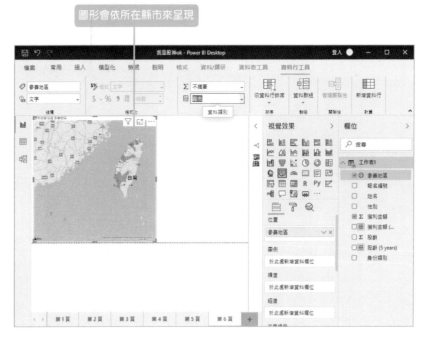

Step 02 區域分布圖的變更標題及提示文字

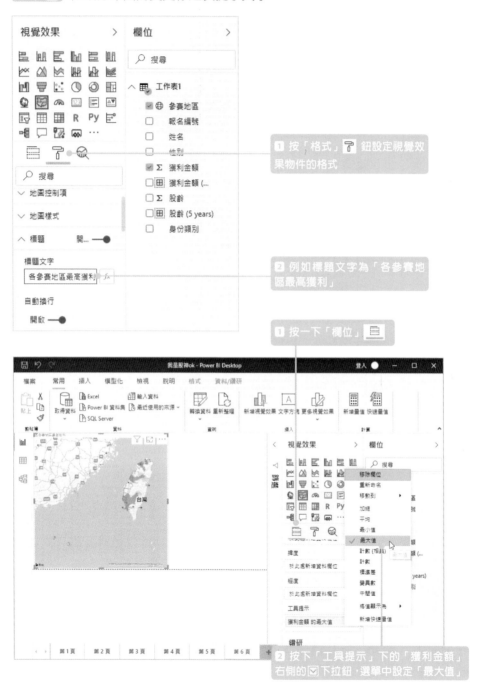

① 按「格式」🖌 鈕設定視覺效果物件的格式

② 例如標題文字為「各參賽地區最高獲利」

① 按一下「欄位」⌨

① 按下「工具提示」下的「獲利金額」右側的 ⌄ 下拉鈕，選單中設定「最大值」

▼
視覺效果應用專題——以股票操作績效統計分析為例

用滑鼠點選要查看的區域，並將滑鼠置於該區域的上方就可以看出該區域獲利金額的最大值

Step 03 區域分布圖的地圖縮放與移動

將滑鼠指標移到地圖的上方，滾動滑鼠的滾輪可以縮小或放大地圖，如果要改變地圖的可視區域，則可以按住滑鼠左鍵進行拖曳即可

除了區域分布圖外，也可以使用「地圖」的方式來呈現各參賽地區的平均獲利，接著就來示範如何利用「地圖」視覺效果來觀察各地區的平均獲利。

① 選取「地圖」視覺效果

② 「位置」欄位分配為「參賽地區」

③ 「大小」欄位分配為「獲利金額」

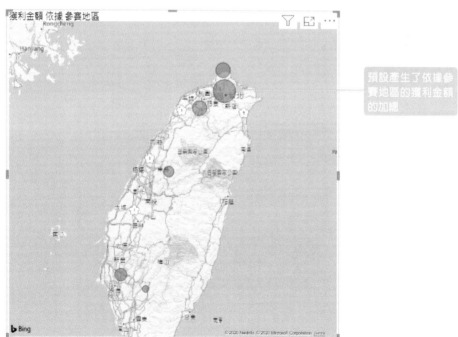

預設產生了依據參賽地區的獲利金額的加總

05

視覺效果應用專題——以股票操作績效統計分析為例

Step 02 將大小從預設的加總更改為平均

按「獲利金額」右側的☑鈕，在出現的選單中勾選「平均」

將滑鼠指標指向要查詢的地區，就會顯示該地區的平均獲利金額

設定泡泡大小及指定不同顏色

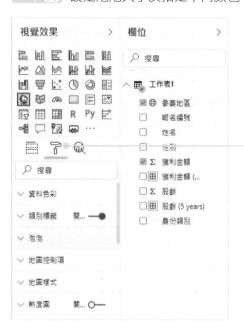

按「格式」🖌鈕可以設定格式,其中「資料色彩」可以指定各區域的顏色,「類別標籤」開啟則可以看到每一個泡泡所代表的區域,至於「泡泡」則可以設定泡泡的大小

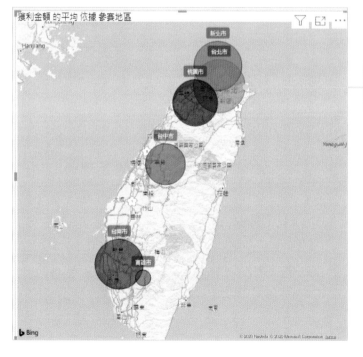

依設定的方式在不同的地區呈現不同顏色大小不一的泡泡

視覺效果應用專題──以股票操作績效統計分析為例

Step 04 地圖的縮放大小及改變可視區域

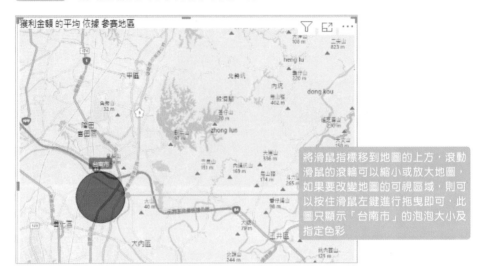

將滑鼠指標移到地圖的上方，滾動滑鼠的滾輪可以縮小或放大地圖，如果要改變地圖的可視區域，則可以按住滑鼠左鍵進行拖曳即可，此圖只顯示「台南市」的泡泡大小及指定色彩

5-6 建立漏斗圖

漏斗圖形狀似漏斗，漏斗圖的每個階段代表總數中所佔的百分比。由上而下圖形的寬度越來越小，接著我們就實際來建立漏斗圖，操作步驟如下：

Step 01 建立漏斗圖及配置欄位

1 在「視覺效果」選「漏斗圖」

2 按「欄位」鈕 配置欄位

3 請依圖示在「群組」及「值」配置所需的欄位

前往階層中的下一個等級

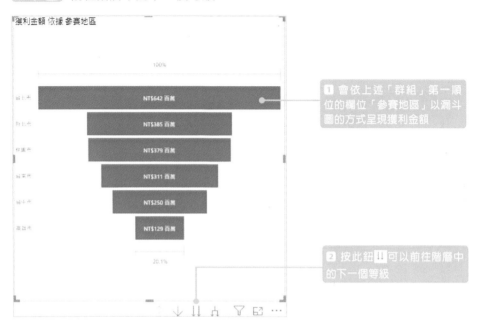

1 會依上述「群組」第一順位的欄位「參賽地區」以漏斗圖的方式呈現獲利金額

2 按此鈕 可以前往階層中的下一個等級

Step 03 向上切入回到上一個等級的欄位

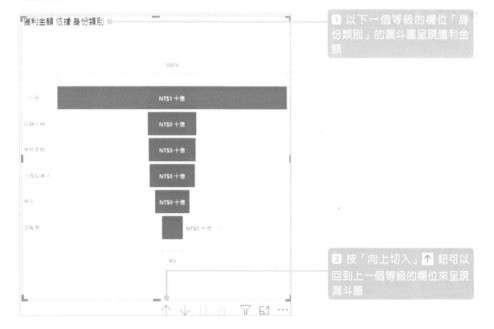

1 以下一個等級的欄位「身份類別」的漏斗圖呈現獲利金額

2 按「向上切入」 鈕可以回到上一個等級的欄位來呈現漏斗圖

05

▼ 視覺效果應用專題──以股票操作績效統計分析為例

Step 04 開啟向下切入查看各身份類別細項

① 回到以「參賽地區」漏斗圖的方式呈現獲利金額

③ 如想了解台北市各身份類別的細項，可以滑鼠在台北市按一下

② 按一下↓鈕以開啟向下切入，此時圖案會變成 ⬇

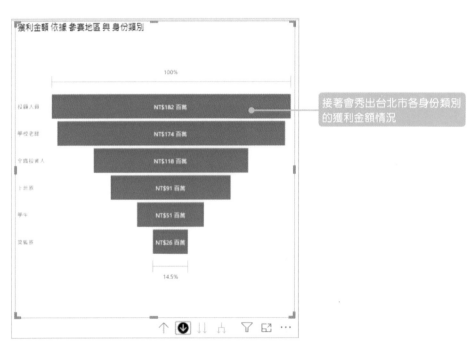

接著會秀出台北市各身份類別的獲利金額情況

❶ 若想了解各圖形單位的提示訊息，
則可以將滑鼠移到該圖示上方即可

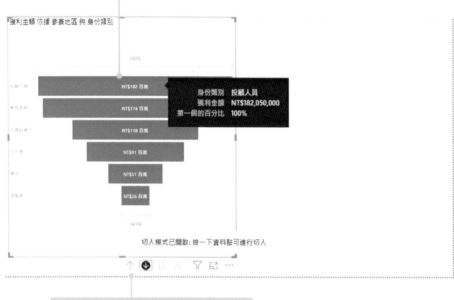

❷ 要回到上一個欄位等級，請按一下↑鈕

回到以「參賽地區」漏斗圖的方式呈現獲利金額

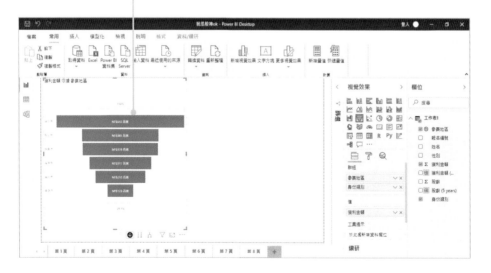

視覺效果應用專題 —— 以股票操作績效統計分析為例

5-7 建立交叉分析篩選器

假設您希望報表讀者能夠查看整體獲利金額計量,且還能夠醒目提示個別參賽地區和不同身份類別的績效。您可以建立個別的報告或比較圖表,或使用「交叉分析篩選器」。交叉分析篩選器是一種篩選方式,可縮小報表內其他視覺效果中顯示的資料集部分。例如觀察某一個地區各種身份類別的股票操作績效。接下來的例子就來示範如何建立交叉分析篩選器:

Step 01 建立交叉分析篩選器

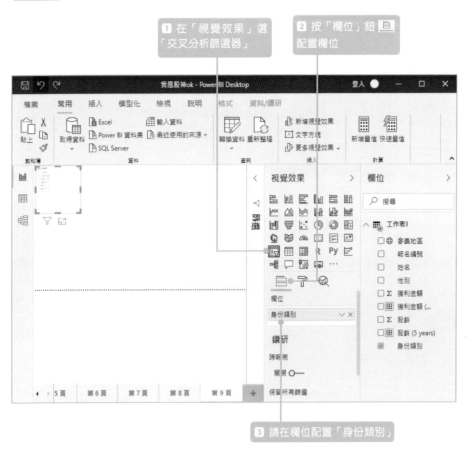

Step 02 調整視覺效果物件的格式、大小與位置

❶ 按「格式」鈕 🖌 設定格式

❷ 在「選取控制項」關閉「單一選取」及「顯示全選選項」，經過設定後如果要進行多重選取，則必須同時按住 CTRL 鍵搭配滑鼠選取

5-8 將多份報表整合於同一頁面

最後我們打算在新的頁面（第 10 頁）中整合剛才各報表頁面所設定的視覺效果報告，同時也要加入上一節在第 9 頁的報表中所加入的「交叉分析篩選器」，並實作利用交叉分析篩選器來選取所需的欄位，並可以馬上看出所有報表都會同步依所篩選的欄位同步變化。首先請各位確認已按下 🔢 新增一個第 10 頁的報表，接著筆者將示範如何將各種建立的報表整合到這份全新的報表，並以交叉分析篩選器來動態取得不同的視覺效果外觀，完整操作過程如下：

Step 01 新增一個空白報表頁面

❶ 當各位新增一個空白報表頁面後，可以先按一下 🖌 進行報表的格式設定

❷ 在「頁面資訊」區段的名稱輸入後，可以發現此頁報表的頁面標籤已從原先的「第 10 頁」變更成「整合性報表」

Step 02 在報表中加入文字方塊作為報表的主題名稱

1 在「常用」索引標籤下的「文字方塊」可以在報表中加入文字方塊

2 此工具列可以針對文字方塊所輸入的文字設定字型、大小、色彩…等相關設定

3 文字方塊背景色請於「視覺效果」窗格下的「背景」區段進行調整

Step 03 在報表中插入圖片

2 插入圖片後可以適當調整大小及移動到所要擺放的位置

1 如果要在報表中插入圖片請切換到「插入」索引標籤下的「影像」功能，再選取要插入的圖片檔案

Step 04 將各頁報表複製到整合性報表

請到前面各頁面選取已設計好的視覺效果,按下快速鍵 CTRL+C,再回到「整合性報表」的頁面,並按 CTRL+V 貼上,並分別調整大小及移動位置,如圖所示,各位可以自行決定各視覺效果的呈現方式

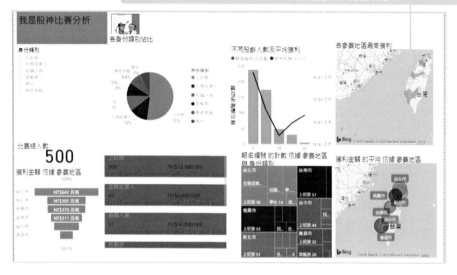

Step 04 以交叉分析篩選器呈現所需欄位的視覺效果

❶ 在「交叉分析篩選器」搭配 CTRL 鍵選取想要篩選的「身份類別」欄位

❷ 各位可以發現視覺效果物件的圖表內容也會同步變動

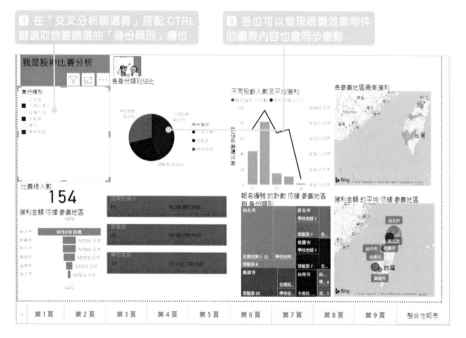

視覺效果應用專題──以股票操作績效統計分析為例

Note

探索資料、
篩選與資料分析

前面章節已示範了如何取得資料及建立各種不同類型的視覺效果,接著本章將會介紹如何以排序方式來變更視覺效果,同時更進一步來深入各種層級的資料探索的技巧,接著會以篩選的方式來示範如何進行視覺效果的篩選。另外也會介紹 Power BI 在 AI(人工智慧)的應用—自動資料分析。最後則會談到如何應用量值來進行資料分析及結合 DAX 語言來自行定義量值,並應用於資料分析等工作。

6-1 指定排序順位變更視覺效果

我們可以指定排序的順位來改變圖表的視覺效果。作法如下:

▶ 操作範例:排序依據.pbix

Step 01

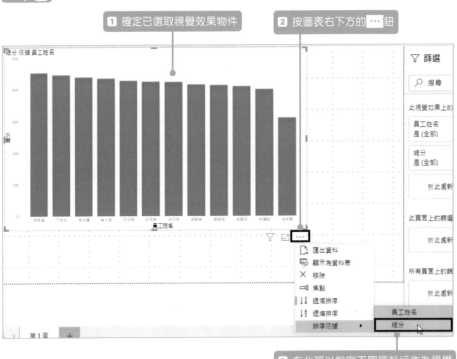

❶ 確定已選取視覺效果物件

❷ 按圖表右下方的 ··· 鈕

❸ 在此可以指定不同資料行作為視覺效果物件的排序順位,此處選擇總分

Step **02**

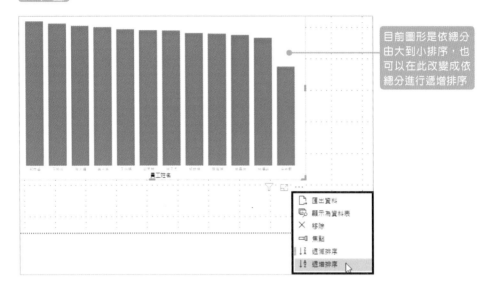

目前圖形是依總分
由大到小排序，也
可以在此改變成依
總分進行遞增排序

Step **03**

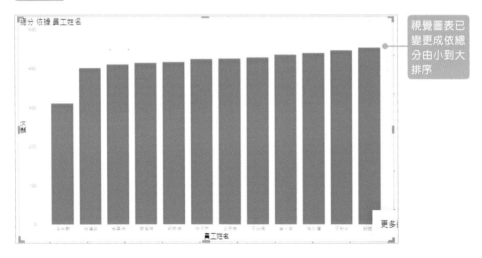

視覺圖表已
變更成依總
分由小到大
排序

▶ 操作範例：自訂排序.pbix

有時候我們需要自己定義排序的順序關係，這種情況下就可以利用自訂排序，
其主要技巧就是使用新增「條件資料行」的功能，其作法參考步驟如下：

Step 01

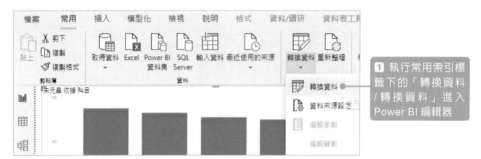

1 執行常用索引標籤下的「轉換資料/轉換資料」進入 Power BI 編輯器

Step 02

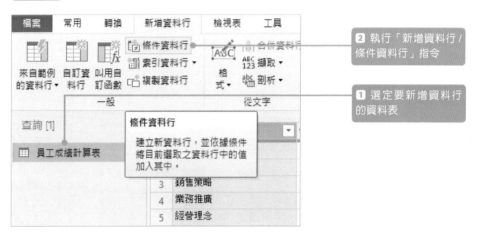

2 執行「新增資料行/條件資料行」指令

1 選定要新增資料行的資料表

Step 03

1 輸入新增資料行名稱

2 加入子句,如果要新增其他子句請在此按一下「新增子句」

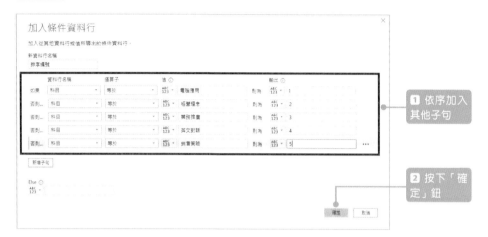

1 依序加入
其他子句

2 按下「確
定」鈕

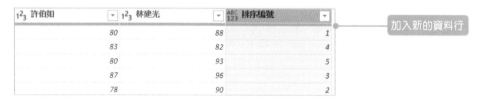

加入新的資料行

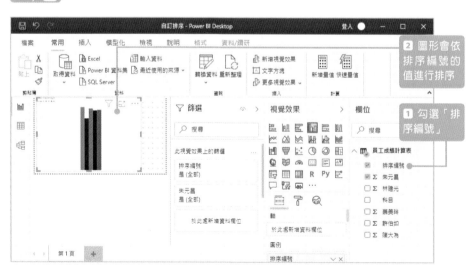

2 圖形會依
排序編號的
值進行排序

1 勾選「排
序編號」

探索資料、篩選與資料分析

6-2 探索資料

工作表中如果有完整的日期資料時,在查看圖表的視覺效果,可以藉助向上切入、向下切入等動作來使視覺效果呈現出不同層級的資料。首先就先來示範如何探索有年月日的日期資料。

6-2-1 以年月日探索資料

要在視覺效果中透過向上切入或向下切入來探索資料時,必須要先確認資料表中要查看的資料行必須是完整的日期資料。例如下圖中的「資料表工具」索引標籤可以清楚確認第一個資料行,其資料型態為「日期」資料型態。

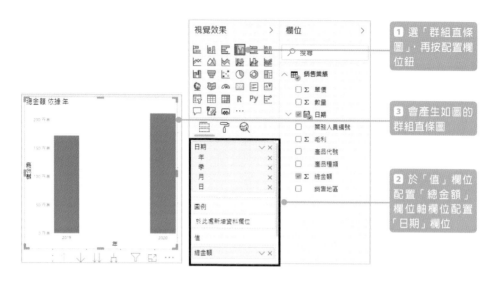

1 選「群組直條圖」，再按配置欄位鈕

3 會產生如圖的群組直條圖

2 於「值」欄位配置「總金額」欄位軸欄位配置「日期」欄位

當加入了日期資料欄位，Power BI 就會將日期資料型態分為年、季、月和日四個層級，下圖為年層級：

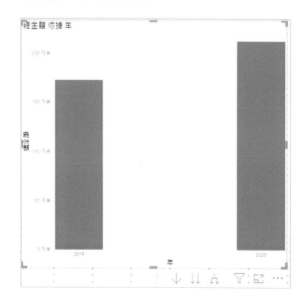

如果要依日期向下或向上切入兩個動作來探索資料，必須先按視覺效果物件右下角（或右上角）的 ↓ 圖示，使改變成為 ⬇ 圖示外觀，表示目前已進入了「切入」模式，接著「向下切入」就可以按照年、季、月和日的層級順序逐一

切入。相反地,「向上切入」則是反方向依日、月、季、年的層級順序依序逐一切回。請各位看底下的操作示範:

Step 01

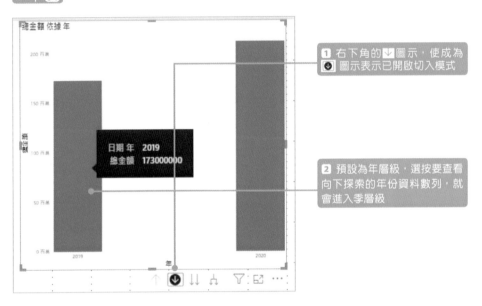

1 右下角的 ⬇ 圖示,使成為 ⬇ 圖示表示已開啟切入模式

2 預設為年層級,選按要查看向下探索的年份資料數列,就會進入季層級

Step 02

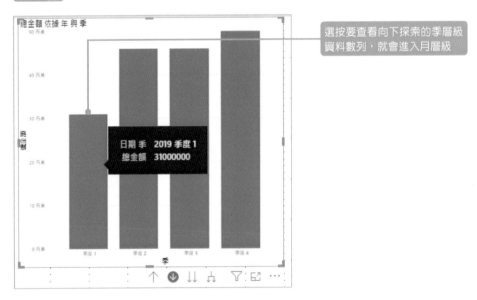

選按要查看向下探索的季層級資料數列,就會進入月層級

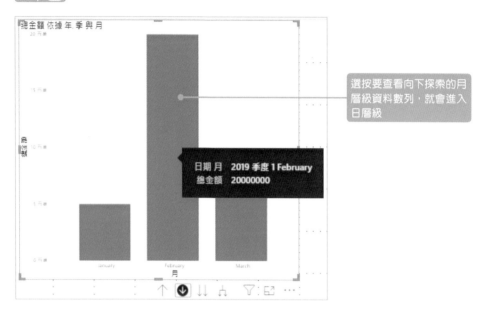

選按要查看向下探索的月
層級資料數列,就會進入
日層級

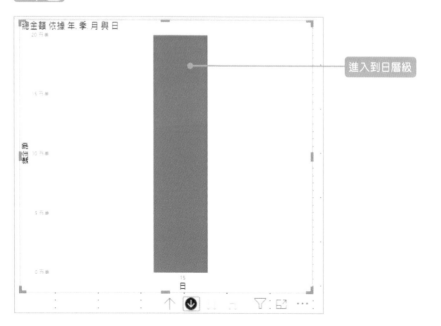

進入到日層級

▼
探索資料、篩選與資料分析

Step 05

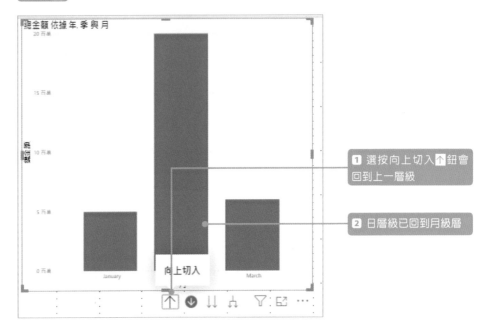

1 選按向上切入↑鈕會回到上一層級

2 日層級已回到月級層

Step 06

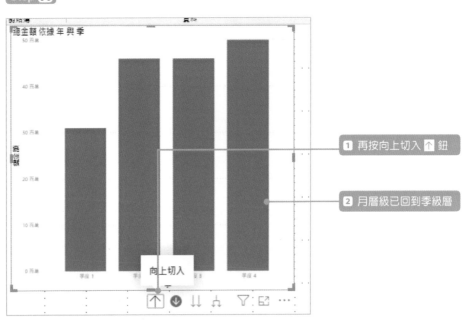

1 再按向上切入↑鈕

2 月層級已回到季級層

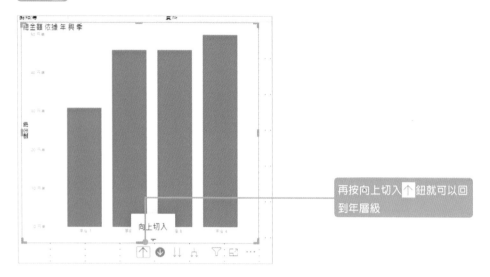

再按向上切入↑鈕就可以回
到年層級

06

▼ 探索資料、篩選與資料分析

接著要來介紹 ↓↓ 「顯示下一個層級」的功能，這項功能也可以針對日期資料依年、季、月、日等層級進行資料探索的動作。不過和前面提到的向上切入或向下切入有一些不同，按「顯示下一個層級」鈕時，例如當從季層級到月層級，它雖然也切換到月層級，但它會顯示所有年份該月的資料值的總和，而不是指單一年。

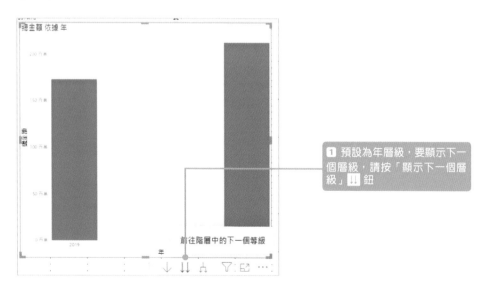

1 預設為年層級，要顯示下一個層級，請按「顯示下一個層級」↓↓ 鈕

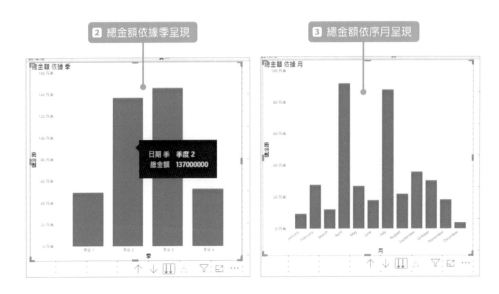

2 總金額依據季呈現

3 總金額依序月呈現

接著來看「向下一個階層等級展開全部」 的功能，它的呈現方式是將第一個層級到目前層級的資料全部展開，例如年季、年季月…等，我們來看操作示範：

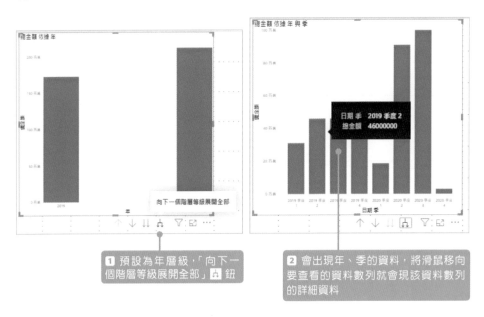

向下一個階層等級展開全部

1 預設為年層級，「向下一個階層等級展開全部」鈕

2 會出現年、季的資料，將滑鼠移向要查看的資料數列就會現該資料數列的詳細資料

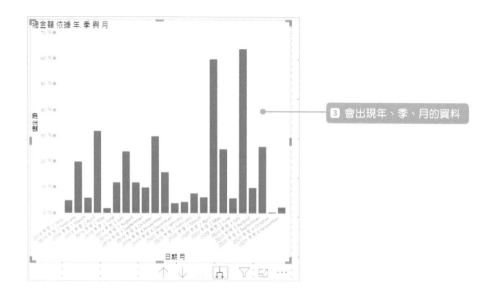

3 會出現年、季、月的資料

6-2-2 顯示視覺效果資料表

顯示「視覺效果資料表」就會在視覺效果下方顯示出此圖形詳細的資料表內容，接著就以底下的例子來示範如何顯示視覺效果資料表：

▶ 操作範例：查看記錄.pbix

Step **01**

1 設定「漏斗圖」視覺效果

2 按此鈕切換到欄位設定

3 群組放「產品種類」及「銷售地區」欄位，值區域配置「總金額」欄位

Step **02**

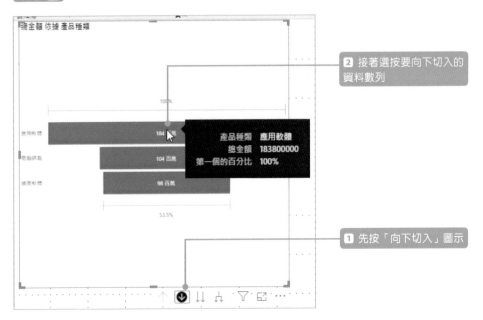

2 接著選按要向下切入的資料數列

1 先按「向下切入」圖示

Step **03**

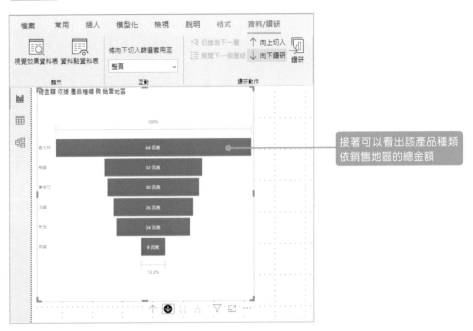

接著可以看出該產品種類依銷售地區的總金額

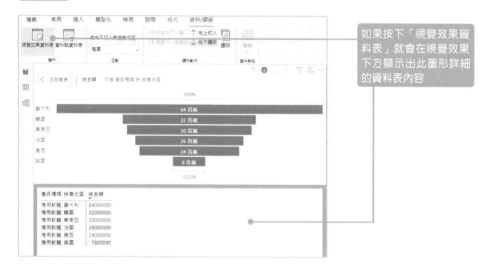

如果按下「視覺效果資料表」就會在視覺效果下方顯示出此圖形詳細的資料表內容

6-3 視覺效果層級篩選

我們可以透過一些作法，將視覺效果層級篩選條件新增至特定視覺效果。接著就來示範如何在 Power BI 進行視覺效果篩選。

▶ 操作範例：篩選.pbix

Step 01

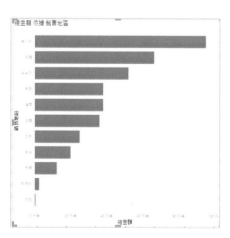

1 開啟「篩選 .pbix」範例檔，按此「展開」︿鈕

Step 02

2 視覺效果只會秀出電腦遊戲在各地區的銷售總金額

1 只勾選「電腦遊戲」

Step 03

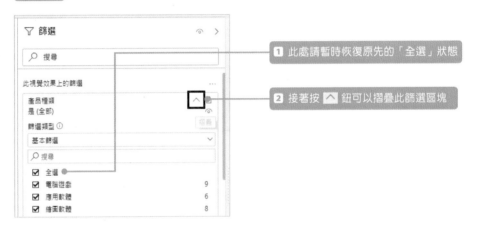

1 此處請暫時恢復原先的「全選」狀態

2 接著按 ∧ 鈕可以摺疊此篩選區塊

Step 04

接著展開「總金額」篩選區塊,並設定如圖的篩選條件

Step **05**

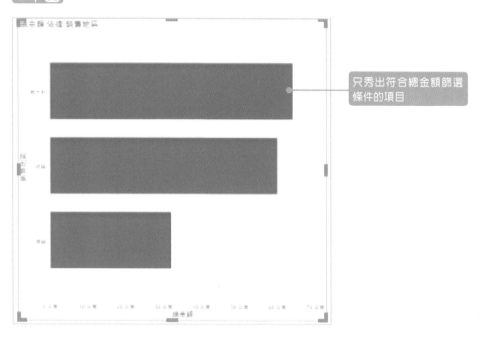

只秀出符合總金額篩選
條件的項目

Step **06**

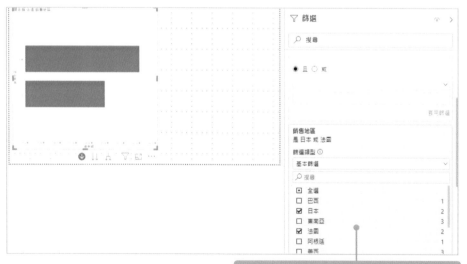

類似的作法,也可以在「銷售地區」只勾選日
本及法國的銷售總金額,就可以清楚看出這兩
者的銷售業績比較

6-4 Power BI 的 AI 應用－自動資料分析

Power BI 可以協助各位判讀分析視覺效果中資料之間的數值變動，只要將滑鼠移到視覺效果的空白處按一下滑鼠右鍵，並執行快顯功能表中的「分析 / 找出此分佈的不同之處」指令，如下圖所示：

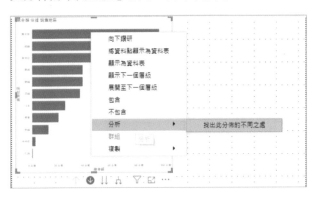

接著就會開啟一個新視窗，説明該分佈所造成最多影響因素的資訊分析，例如下圖就是總金額（依銷售地區排序）之分佈造成最多影響的因素。

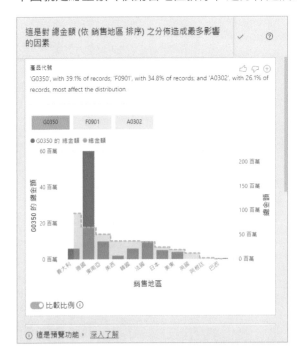

6-5　內建量值及使用 DAX 語言新增量值

量值可以協助各位在 Power BI 軟體內進行資料數據的分析工作，除了系統內建的量值之外，也可以自行以 DAX 語言來新增量值。接著將先示範如何使用內建量值來進行資料分析，本節後面的篇幅也會示範如何使用 DAX 語言新增量值。

6-5-1　使用內建量值進行資料分析

在 Power BI 改變「值」欄位的量值，可以根據使用者所設定的不同量值，產出不同的視覺效果，內建的量值有加總、平均、最小值、最大值、計數⋯等，如右圖所示：

在視覺效果預設採用的量值是「加總」，各位可以試著改成平均、計數、最大值或百分比，接著就請參考以下的操作示範：

▶ 操作範例：量值.pbix

Step 01

▼ 探索資料、篩選與資料分析

Step **02**

於「總金額」右側按 ⌄ 鈕，可以看到量值清單預設是加總進行運算，各位可以依需求選擇不同的量值計算方式，例如此處試著選擇「最大值」

Step **03**

1 可以看到視覺效果依「最大值」的量值呈現

2 接著請各位試著選「計數」量值

Step 04

1 可以看到視覺效果依「計數」的量值呈現

2 接著請各位試著選「平均」量值

Step 05

視覺效果已改變成依總金額的「平均」的量值呈現

Step **06**

各位試著改成「總計百分比」量值

Step **07**

視覺效果就會改成各項產品
總金額的平均的所占百分比

6-5-2 使用 DAX 語言新增資料行

除了套用資料行中已經存在的資料數據外,也可以應用 DAX 語言來新增資料行,所謂 DAX(Data Analysis Expression)資料分析運算式語言,是一種在 Power BI 中可以使用的語言,可以被用來進行基本運算、函數應用或資料分析等工作。事實上,DAX 語言主要組成包括運算式、常數與函數,有點像 EXCEL 的函數,只是語法上有些差異,另外一個較大的差異點是 DAX 語言是以資料行或資料表作為運算的元素,但是 EXCEL 的函數則可以指定儲存格或儲存格範圍。如果各位使用過 EXCEL 函數進行工作表的試算工作,使用 DAX 語言難度就不高。目前 DAX 包含有邏輯、數學、文字、日期和時間…等函數。使用語法必須以等號 (=) 開頭,接著才是運算式或函數及函數中相關的引數。請看下式的說明:

```
銷售情況 = IF('銷售業績'[總金額]>20000000,"暢銷","普通銷量")
```

其中「銷售情況」是資料行或量值名稱,銷售業績是資料表名稱,必須以一組小括號括住,IF 則是 DAX 函數名稱,函數必須以左右括號括住一個或多個引數的運算式。

接著就來介紹 DAX 語言運算子,比較常用的運算子有算術運算子、比較運算子、文字運算子、邏輯運算子。分別說明如下:

- 算術運算子,包括加法 (+)、減法 (-)、乘法 (*)、除法 (/) 及乘冪 (^),例如:

  ```
  7*6、3^4
  ```

- 比較運算子,包括大於、小於、等於、不等於、大於等於、小於等於。例如:

  ```
  '銷售業績'[總金額]>20000000
  ```

- 邏輯運算子,包括且 (&&)、或 (||)、AND、OR,例如:

  ```
  '銷售業績'[總金額]>20000000 && '銷售業績'[總金額]<30000000

  AND(('銷售業績'[總金額]>20000000), ('銷售業績'[總金額]<30000000))
  ```

- 文字運算子，語法符號為 &，主要功能是連結字串。例如：

  '銷售業績'[總金額]&"美金"

下面我們將以兩個實例，為各位示範如何應用 DAX 語言為資料表新增資料行：

接著就可以看到新增一個資料行，並在欄位
窗格中新增名為「總金額」的資料行

我們再來看另一個範例，這個範例將應用 DAX 語言中的 IF 邏輯判斷函數。操作
示範如下：

▶ 操作範例：DAX語言_IF.pbix

Step 01

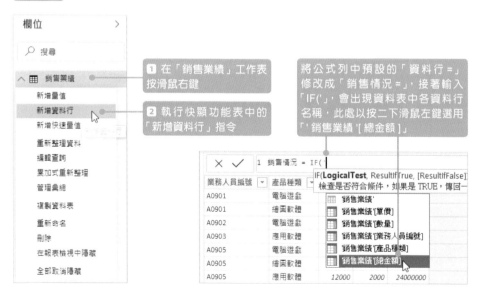

❶ 在「銷售業績」工作表
按滑鼠右鍵

❷ 執行快顯功能表中的
「新增資料行」指令

將公式列中預設的「資料行 =」
修改成「銷售情況 =」，接著輸入
「IF(」，會出現資料表中各資料行
名稱，此處以按二下滑鼠左鍵選用
「' 銷售業績 '[總金額]」

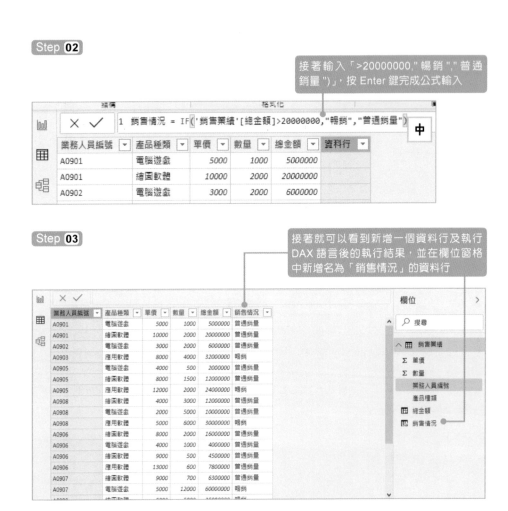

接著輸入「>20000000," 暢銷 "," 普通銷量 ")」，按 Enter 鍵完成公式輸入

接著就可以看到新增一個資料行及執行 DAX 語言後的執行結果，並在欄位窗格中新增名為「銷售情況」的資料行

6-5-3 使用 DAX 語言新增量值

除了預設的量值之外，也可以使用 DAX 語言自訂新的量值，而這些量值有助於資料分析，例如預估調整 10% 價格後所帶來的銷售總金額，如此就可以透過所選取資料表建立視覺效果物件，並將所新增的量值在「欄位」窗口勾選，就可以出現調整價格後所帶來的業績變化。

1 在「銷售業績」資料表名稱按滑鼠右鍵

2 執行快顯功能表中的「新增量值」指令

輸入公式「調價後預估額 =SUM('銷售業績'[總金額])*1.1」,按 Enter 鍵完成公式輸入

1 切換到「報告」頁

2 選擇此資料表視覺效果物件

3 在「值」欄位核選所需的資料行名稱,如果勾選新增的量值「調價後預估額」,即可出現「調價後預估額」的資料行,並根據 DAX 語言的公式計算數值

Note

Power BI 工作絕活
不藏私

本章將針對幾個 Power BI 的一些工作的小心法，例如在報表中改變佈景主題或加入影像等報表優化及美化等功能，或是如何一次取得並合併多個檔案，也可以在報表中加入書籤或超連結，如果還想了解更多的工作絕活，不僅可以藉助線上學習資源外，也可以在網路上搜尋各種 Power BI 線上研討會。

7-1　Power BI 報表優化

Power BI 桌機版有許多改變報表格式及美化等功能，今天想和大家分享一些設計報表的小技巧，讓你的報表變得更美觀、專業及具說服力，請開啟範例檔：

▶ 操作範例：報表優化.pbix

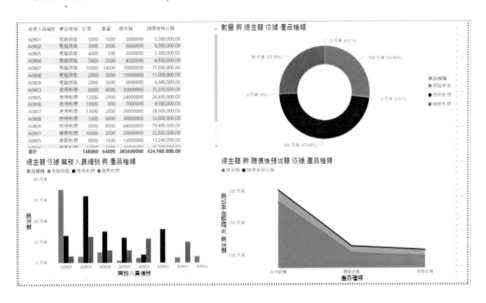

接著可以為此報表進行一些優化及美化的工作，最後可以產出同一色系的佈景主題，並在報表中加入影像及具有圖表補充說明功能的文字方塊，本範例預計產出的報表外觀如下：

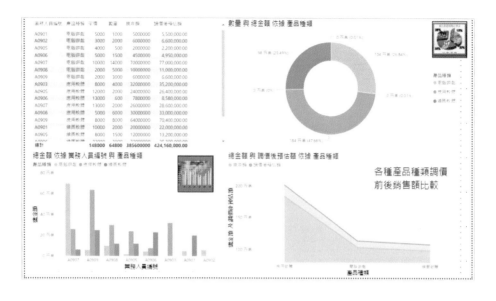

以下為完整的操作過程：

Step 01

1 切換到「檢視」索引標籤　　2 按「▾」鈕　　3 選擇這一個佈景主題

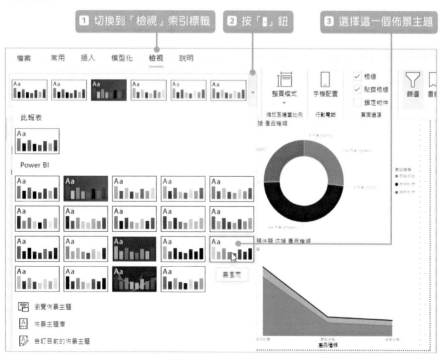

Step 02

已改變佈景主題的風格

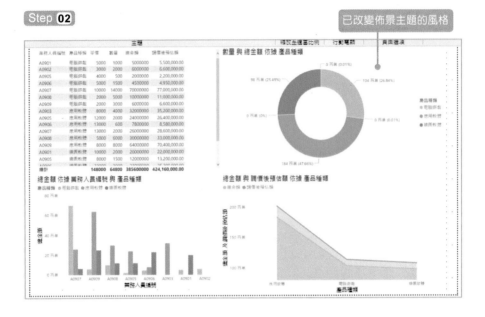

Step 03

1 切換到「插入」索引標籤

2 按「影像」鈕在建立的報表中插入一個影像

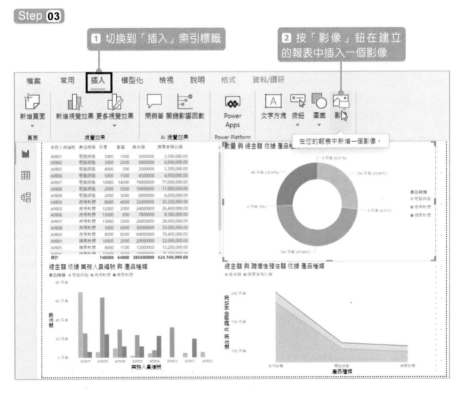

Step 04

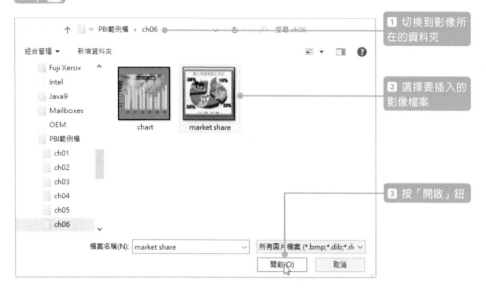

1 切換到影像所在的資料夾

2 選擇要插入的影像檔案

3 按「開啟」鈕

Step 05

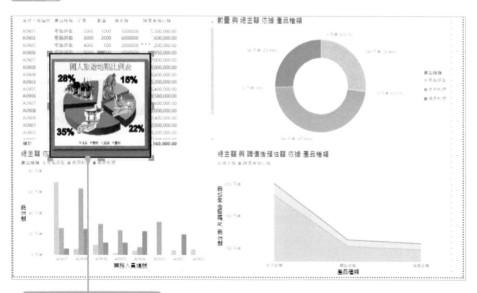

圖片已插入,接著用滑鼠左鍵適當調整圖片大小

Step **06**

並拖曳到打算擺放的位置

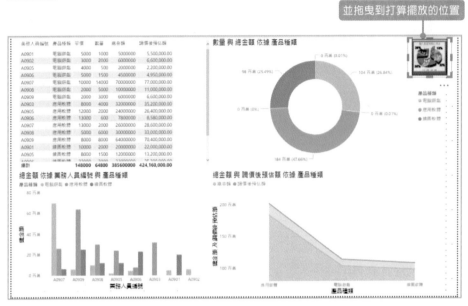

Step **07**

同理也可以在不同的報表位置插入另一個影像

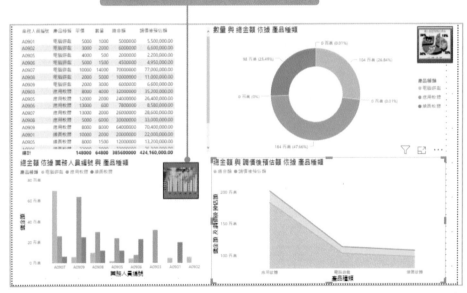

Step 08

1 切換到「插入」索引標籤

2 按「文字方塊」鈕在建立的報表中插入一個文字方塊

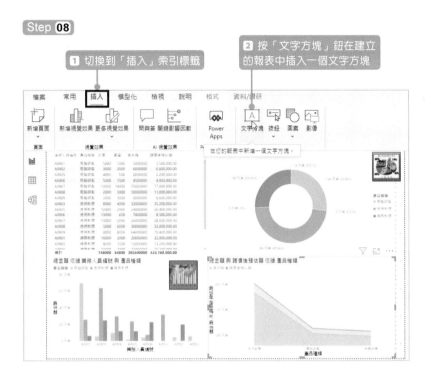

Step 09

為文字方塊輸入適當的文字內容

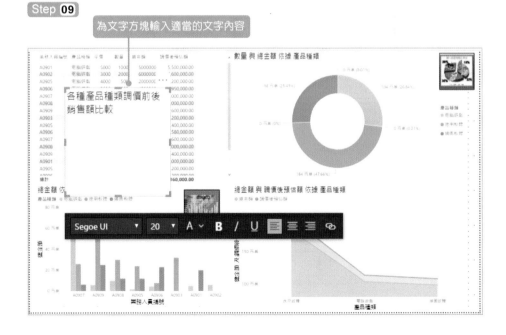

各種產品種類調價前後銷售額比較

Step 10

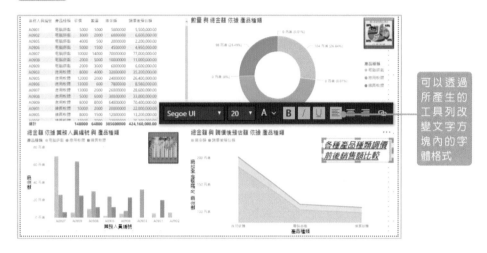

可以透過所產生的工具列改變文字方塊內的字體格式

Step 11

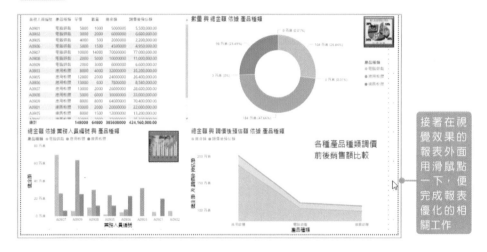

接著在視覺效果的報表外面用滑鼠點一下,便完成報表優化的相關工作

7-2 指定多個檔案同時匯入並合併

我們可以一次將多個資料表放在同一資料夾內,然後在 Power BI 取得資料時,再一併指定多個檔案同時匯入,並於匯入後合併成一份資料檔。接下來的例子會先將 3 個相同資料表的格式放在同一資料夾,再一併取得這些多個檔案的資料表,匯入後直接合併成一個資料表。當在 Power BI 中合併完成一個新的資料表後,

以後只要在該存放檔案的資料夾中，放入其他新的資料表檔案，再透過「重新整理」功能，就會將後續放入的新資料表內容，合併到剛才建立的新資料表。

接下來就來示範完整的操作過程，首先請於 Power BI 主畫面執行「檔案 / 新增」指令來新增一個報表檔案，會進入下圖畫面：

Step 01

Step 02

Step 03

Step 04

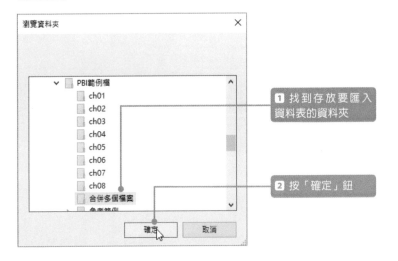

Step 05

Step **06**

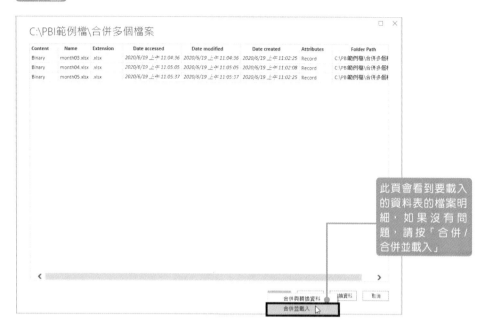

此頁會看到要載入的資料表的檔案明細，如果沒有問題，請按「合併/合併並載入」

Step **07**

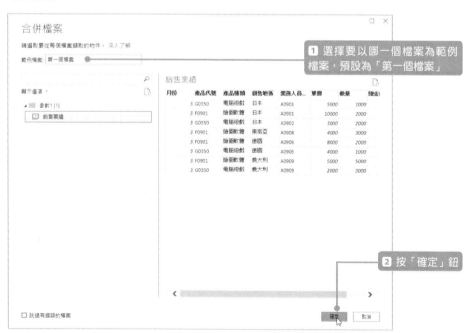

1️⃣ 選擇要以哪一個檔案為範例檔案，預設為「第一個檔案」

2️⃣ 按「確定」鈕

Step **08**

1 請切換到「資料」檢視模式

2 可以針對個別欄位進行排序，例如在「月份」標題名稱按滑鼠右鍵，並執行「遞增排序」鈕就可以依月份的大小遞增排序

Step **09**

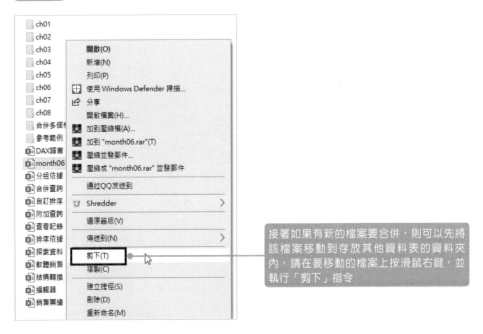

接著如果有新的檔案要合併，則可以先將該檔案移動到存放其他資料表的資料夾內，請在要移動的檔案上按滑鼠右鍵，並執行「剪下」指令

再於檔案總管中切換到存放資料表的資料夾內空白處，按滑鼠右鍵，執行「貼上」指令

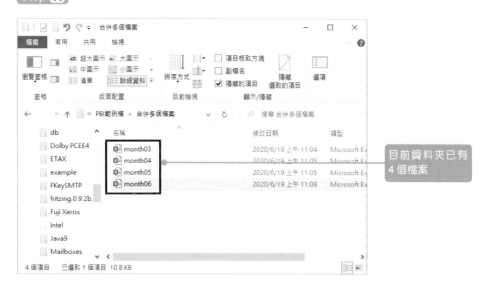

目前資料夾已有4個檔案

Step **12**

接著回到 Power BI Desktop，並切換到「常用」索引標籤，按一下「重新整理」

Step **13**

如此一來 Power BI 便可以取得新的資料，並合併到目前資料的最後面

7-3 善用書籤與超連結的設計

我們可以先於各個報表頁面設定書籤,接著透過類似形狀、按鈕或影像等物件,設定超連結到指定名稱的書籤,如此一來就可以在各個報表頁間來回切換。

接著就來示範如何為各報表頁面設定書籤,接著再於報表中插入矩形圖案方塊,並為所插入的矩形圖案方塊,於「格式化圖案」的窗格中設定「動作」,使其可以超連結到指定書籤名稱的報表頁面,請看以下的操作說明:

 操作範例:書籤練習.pbix

Step 01

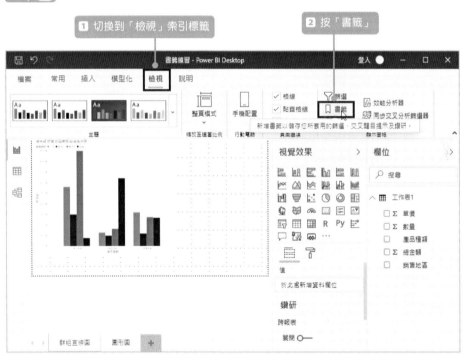

▼ Power BI 工作絕活不藏私

Step 02

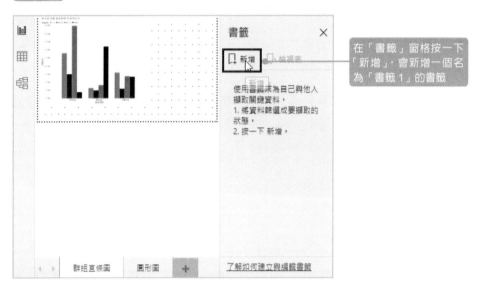

在「書籤」窗格按一下「新增」，會新增一個名為「書籤 1」的書籤

Step 03

在「書籤 1」名稱按滑鼠右鍵，執行快顯功能表的「重新命名」指令

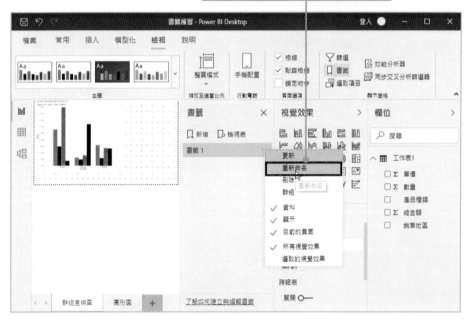

07

Step 04

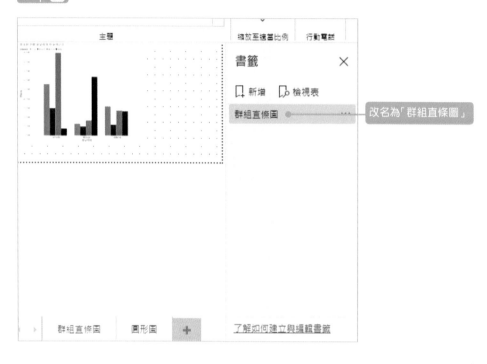

改名為「群組直條圖」

Step 05

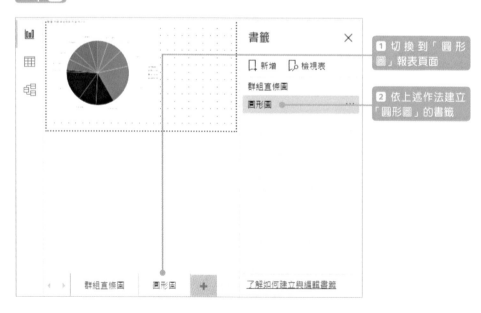

1 切換到「圓形圖」報表頁面

2 依上述作法建立「圓形圖」的書籤

Step 06

1 切換到「插入」索引標籤

2 按一下「圖案 / 矩形」

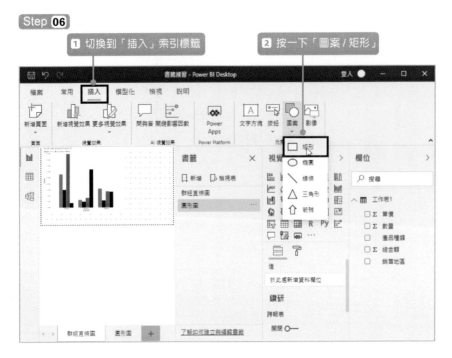

Step 07

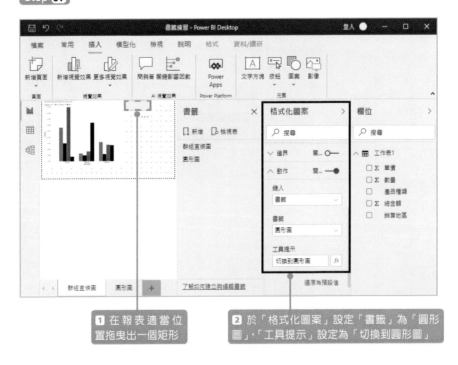

1 在報表適當位置拖曳出一個矩形

2 於「格式化圖案」設定「書籤」為「圓形圖」、「工具提示」設定為「切換到圓形圖」

Step **08**

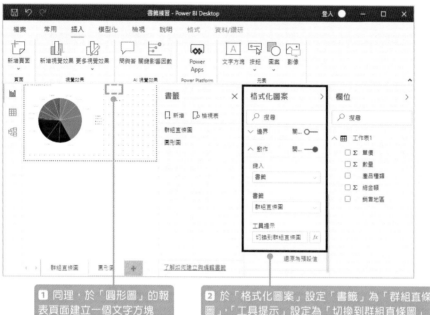

1 同理，於「圓形圖」的報表頁面建立一個文字方塊

2 於「格式化圖案」設定「書籤」為「群組直條圖」，「工具提示」設定為「切換到群組直條圖」

Step **09**

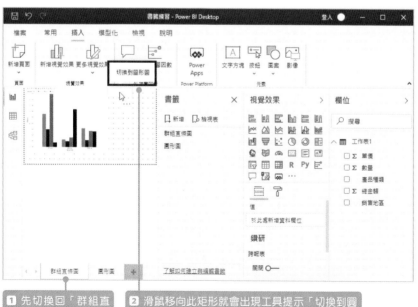

1 先切換回「群組直條圖」報表頁面

2 滑鼠移向此矩形就會出現工具提示「切換到圓形圖」，按下去就會切換到「圓形圖」報表頁面

07

Step 10

同理，滑鼠移向此矩形就會出現工具提示「切換到群組直條圖」，按下去就會切換到「群組直條圖」報表頁面

Step 11

又回到「群組直條圖」報表頁面

7-4 Power BI 資源無所不在

Power BI 可以說是一種軟體服務、應用程式和連接器的集合，Power BI 能取得不同來源的資料，進而產出多樣化圖表外觀的互動式視覺元件，方便各位進行互動分析與資料篩選。不論您的資料是簡單的 Excel 試算表、文字檔、或是其他各類的資料元素，Power BI 可讓您輕鬆地連線到資料來源、以視覺化方式檢視及探索重要資料，並與想要的任何人共用該資料。Power BI 的線上學習資源非常多元與豐富，要取得 Power BI 資源除了線上影片與研討會外，也可以參考軟體內建的線上學習資源。此外，Power BI 還提供各大產業範例，方便各位應用於相關的商務圖表及資料互動剖析。

7-4-1 線上影片與研討會

Power BI YouTube 頻道提供許多 Power BI 各種實用功能的影片，如果想更加了解 Power BI 的多元功能，建議各位可以參考網址（https://www.youtube.com/user/mspowerbi/videos），並進行訂閱。

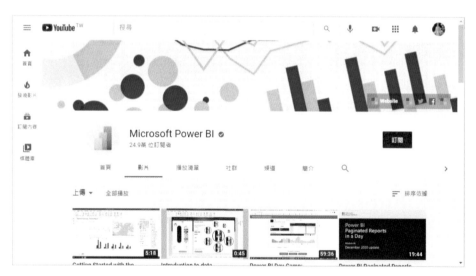

另外，對於初學者想要快速了解 Power BI 服務和 Power BI Desktop 的概觀、Power BI 行動版概觀、共同合作與共用、適用於開發人員的 Power BI 等基

礎影片教學，則可以參考網址（https://docs.microsoft.com/zh-tw/power-bi/
fundamentals/videos），該網址提供上述基礎影片的觀看。

除了這些線上資源外，也可以註冊參加微軟所舉行的即時網路研討會。有關
精選的網路研討會的相關資訊，可以參考 Power BI 網路研討會的相關網址：
https://docs.microsoft.com/zh-tw/power-bi/fundamentals/webinars。

7-4-2 線上學習資源左右逢源

除了前面提到的各種 Power BI 資源外，在 Power BI 官網上也提供「解決方案」頁面，除了提供 Power BI 實用功能說明外，方便初學者在使用 Power BI 能夠快速上手。另外，也有各行各業的資料案例展示，有助於各位快速理解各行業屬性的資料分析的重點，官網網址：https://powerbi.microsoft.com/zh-tw/。

其中「解決方案」清單中提供各式的解決方案，如下表清單所示：

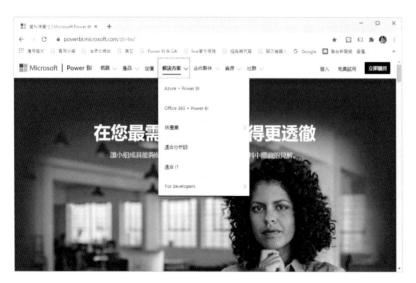

在「依產業」可以看到各種產業學習資源，例如醫療、零售…等，如下圖網頁所示：

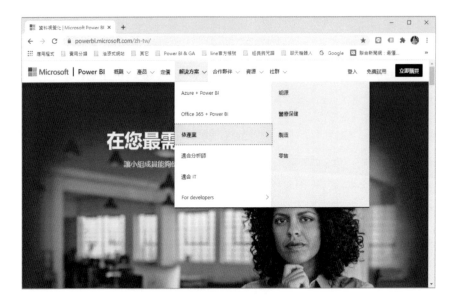

另外底下網址可以查看各種視覺效果的運作方式及完整視覺效果的各種特點 https://powerbi.microsoft.com/zh-tw/power-bi-visuals/。

在「客戶展示」網頁可以看到許許多多的 Power BI 客戶案例，網址所示：
https://powerbi.microsoft.com/zh-tw/customer-showcase/。

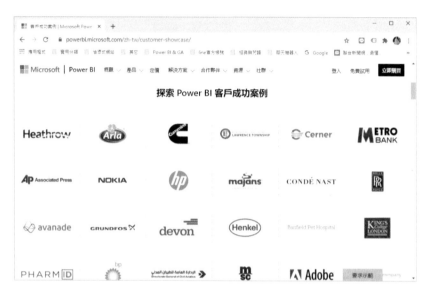

在「Office 365 + Power BI」則可以了解 Office 和 Power BI 如何緊密地搭配運作，並如何結合 Power BI 與 Office 來達到更多的成效。如下圖網頁所示：
https://powerbi.microsoft.com/zh-tw/power-bi-and-office/。

▼ Power BI 工作絕活不藏私

Note

雲端與行動平台
超前部署

Power BI 雲端平台可以算是一種雲端服務，它提供各位方便進行各種商業分析與圖表製作，並可以透過各種視覺化元件與篩選功能，幫忙各位進行資料的分析與決策的判斷。另外如果在行動裝置中下載安裝 Microsoft Power BI 應用程式，您也可以在不同作業系統或不同類型的行動裝置，檢視在 Power BI 雲端平台所建立的儀表板和報表資料。

8-1 Power BI 雲端平台特色

Power BI 雲端平台和 Power BI Desktop 有一項重大差別在於它必須註冊才可以使用，另外，試用期為 60 天，超過試用期就必須付費，否則有些需要付費的功能就無法繼續使用。

Power BI 雲端平台取得資料的來源包括了：Excel 檔案格式、csv 等，也可以直接開啟在 Power BI Desktop 儲存的 .pbix 報表檔，取得資料後可以轉換為互動式圖表，並提供篩選的功能。

另外 Power BI 雲端平台還可以進行網頁或行動版的版面配置，並發行至 Web 網頁與他人共享資訊，在 Power BI 雲端平台還可以在同工作區中分享報表等資料檔案給同一網域中有 Power BI 帳號的合作伙伴，並共同編輯所分享共用的資料。不僅如此，在 Power BI 雲端平台編輯完成的報表還能匯出為 PDF 或轉成 PowerPoint 簡報檔，幫助各位展現更具說服力的商務性簡報。

8-2 註冊 Power BI 雲端平台

要註冊 Power BI 雲端平台的帳號，首先請您先開啟瀏覽器，並輸入官網的網址：https://powerbi.microsoft.com/zh-tw/。

按「免費試用」鈕

於頁面下方看到「免費試用」鈕

▼ 雲端與行動平台超前部署

1 請輸入學校或公司行號所提供的電子郵件，目前不支援個人電子郵件信箱，例如 hotmail.com、gmail.com…等

2 按「註冊」鈕

請輸入電話以驗證您的身分識別

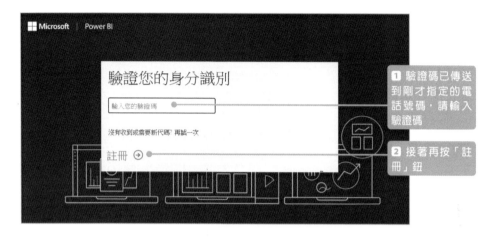

1 驗證碼已傳送到剛才指定的電話號碼，請輸入驗證碼

2 接著再按「註冊」鈕

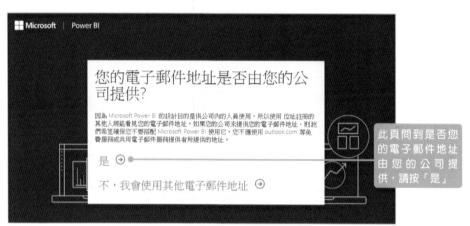

此頁問到是否您的電子郵件地址由您的公司提供，請按「是」

接著建立您的帳戶，包括姓氏、名字、密碼及傳送到指定郵件信箱的驗證碼及國地及地區

註冊完成後，可以邀請更多同事來使用，可以直接輸入工作同仁的電子郵件，之後再按「傳送邀請」，如果暫沒有要邀請同事，請按「跳過」鈕就可以直接進入 Power BI 雲端平台

已進入 Power BI 雲端平台，目前試用期為60 天，超過試用期就必須付費，否則有些需要付費的功能就無法繼續使用

8-2-1 Power BI 雲端平台環境簡介

進入 Power BI 雲端平台後，如果想快速了解這個平台的特點，可以按下「觀看影片」鈕，就可以觀看相關的教學影片。

按此「觀看影片」鈕可以開啟教學影片，快速了解 Power BI 雲端平台的主要功能

雲端與行動平台超前部署

以下則為上述工作環境的重點摘要說明：

- 開啟或隱藏功能窗格：在 ☰ 鈕按一下，可以隱藏功能窗格，只保留此行圖示鈕，如此一來工作區的範圍就會變大。如下圖所示：

- 功能窗格：包括 Power BI 雲端平台的功能表選單，例如「我的最愛」、「工作區」、「我的工作區」…等。

- 搜尋方塊：可以在此輸入關鍵字就可以快速找到所需的相關檔案或相關案例。

- 通知：按此可以開啟「通知中心」，在此會依時間列出各種通知或警示。

● 設定：可以針對 Power BI 雲端平台的各種項目進行設定，如下圖所示：

● 下載：可於所開啟的清單中進行 Power BI 相關軟體項目的下載。

● 說明與支援：提供各種官方的說明文件或討論社群。如下圖所示：

▼ 雲端與行動平台超前部署

● 帳號設定：在此可以看到目前登入帳號的細節，也可以在這個地方登出帳號。

8-2-2　初探我的工作區

當按下功能窗格下方的「我的工作區」後，會出現「取得資料」畫面，可以讓各位取得資料進行探索。

請選按右下角的「跳過」

在此先來介紹「我的工作區」，按下「跳過」鈕後會看到四大工作區：儀表板、報表、活頁簿及資料集，這些都是 Power BI 的重要組成。

Power BI 的四大工作區

▼ 雲端與行動平台超前部署

▶ 儀表板

是單一頁面,在此頁面上可以放置許多視覺化圖表設定,這些圖表的資料來源可能是單一報表或多份報表取得,在此儀表板就可以將這些多種管道的相關資料整合於此來加以檢視比較。每份放在儀表板的是由許許多多的磚所組成,這些磚可以是圖表、視訊、文字方塊…等資料內容。

▶ 報表

如同 Power BI Desktop 所建立的報表一樣，在 Power BI 雲端平台也可以建立報表，所謂報表就是一頁或多頁的視覺效果的組合，在每個頁面可以建立多種不同外觀的視覺效果，並可以輕鬆依個人希望呈現的資訊表現方式，指定適合的圖表位置與排列。

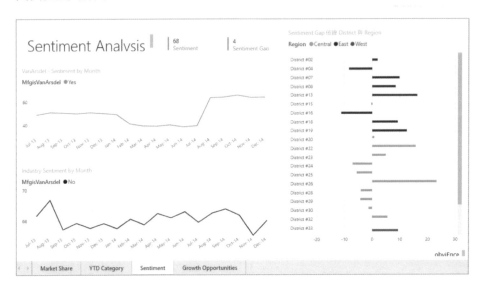

▶ 活頁簿

所有具有資料模型的活頁簿都會出現於此。

▶ 資料集

在工作區所有的資料集都會彙集於此，所謂資料集就是一種資料集合，它可以將許多不同匯入來源管道的資料整合成一個單一資料集，例如：Excel、SQL 資料庫或類似 Facebook…等平台服務的資料，資料集可以幫助 Power BI 建立視覺效果。

8-3 在雲端公開分享報表

如果想在 Power BI 雲端平台分享報表，可以先在 Power BI Desktop 編輯好報表內容，再透過「發行」功能就可以將報表從 Power BI Desktop 發行到雲端平台，不僅可以在 Power BI Desktop 檢視報表內容，也可以在 Power BI Desktop 編輯報表，並將編輯後的報表儲存、列印、匯出為 PowerPoint 簡報檔或 PDF 檔案，也可以將這份報表內容與工作同仁共用或分享。接著就來示範如何將 Power BI Desktop 所建立的報表檔（.pbix）發行到 Power BI 雲端平台。首先請先在 Power BI Desktop 開啟所要發行的檔案，此處筆者開啟之前章節完成的「報表優化 ok.pbix」檔案，操作過程請參閱底下的步驟示範：

Step 01

在 Power BI Desktop 開啟「報表優化 ok.pbix」範例檔案，接著按「登入」鈕

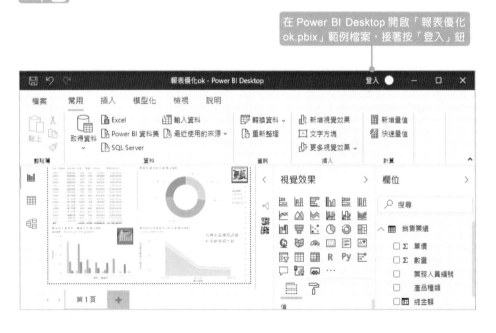

Step 02

Step 03

■ 已在 Power BI Desktop 開啟
之前製作完成的報表檔案

2 按「發行」鈕就可以
將這份報表檔上傳到雲端

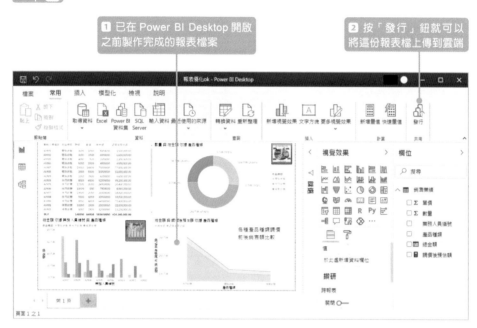

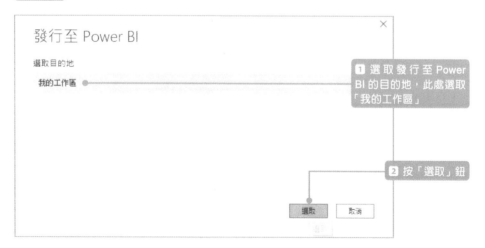

■ 選取發行至 Power
BI 的目的地，此處選取
「我的工作區」

2 按「選取」鈕

▼ 雲端與行動平台超前部署

Step **06**

正在發行至 Power BI ×

✓ 成功!

在 Power BI 中開啟 '報表優化ok.pbix'

取得快速見解

1 可以看到剛才上傳到 Power BI 雲端平台已成功發行

2 確認發行成功後,按此超連結可以開啟上傳的檔案

Step **07**

1 自動開啟 Power BI 雲端平台瀏覽器畫面來檢視剛才發行的報表檔案

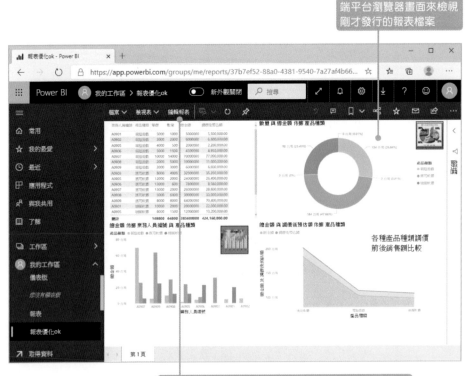

2 接著按下「編輯報表」就可以進入編輯模式,允許使用者在 Power BI 雲端平台編輯所上傳的報表檔

當進入編輯模式後就會出現如同在 Power BI Desktop 的編輯環
境,同時會在畫面右側出現「篩選」、「視覺效果」、「欄位」等窗
格,此處筆者先關閉「篩選」窗口,如此一來報表呈現空間會較大

2 此處就可以看到
圖表外觀已改變

1 先選取要變更視覺效果的圖表,接著就可以改變
不同的視覺效果,例如此處改選取「群組橫條圖」

3 編修完成後,按「正在閱讀檢視」

▼ 雲端與行動平台超前部署

Step **10**

接著會出現「未儲存的變更」視窗，請按「儲存」鈕就可以儲存編修內容，並離開編輯模式

Step **11**

接著各位可以試著在「我的工作區」重新開啟報表檔

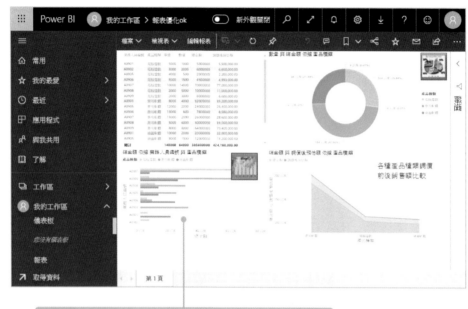

各位可以發現此份報表已是編修完成後的新報表視覺效果外觀

8-4 雲端平台其他實用功能

其實 Power BI 雲端平台還有許多實用的功能,例如您可以透過「取得資料」來開啟各種行業的參考範例。又例如我們可以將辛苦製作完成的報表檔列印成書面資料或轉換成 PDF 檔案,甚至將報表匯出至 PowerPoint 簡報檔,以方便各位進行各種場合的學術或商務性簡報。

8-4-1 雲端平台的各行業參考範例

Power BI 雲端平台提供許多行業的參考範例,各位可以下載這些範例,就可以更清楚與快速了解 Power BI 在各種行業的應用。要取得雲端平台的各行業參考範例的方式,可以參考底下的步驟,這個操作過程中將開啟「銷售與行銷範例」:

Step 01

在 Power BI 雲端平台左側的功能區按「取得資料」

會進入「建立新內容」的頁面,在最下方有更多方式建立自己的內容,請各位按「範例」

Step 02

接著會開啟八大行業的應用範例,此處我們將示範如何取得「銷售與行銷範例」,請按一下「銷售與行銷範例」圖示方塊

Step 03

1 接著可以看到關於本範例主要分析公司的特點

2 請直接按「連接」鈕

Step 04

取得範例後在「我的工作區」就可以看到該範例的名稱

Step 05

各位可以在「我的工作區」的儀表板、報表
或資料集等工作區看到這個範例的相關資料

Step 06

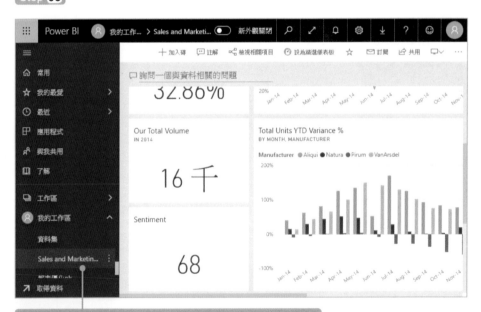

例如各位可以查看本範例資料集的相關資料,可以在資料集工作
區找到這個範例的名稱,接下該名稱就可以切換到資料集工作區

Step 07

接著各位可以視需求在右方欄位勾選要於資料集中顯示的欄位，而畫面中間的區域就可以看到資料表內容

Step 08

如果切換到「儀表板」工作區，則會開啟儀表板畫面

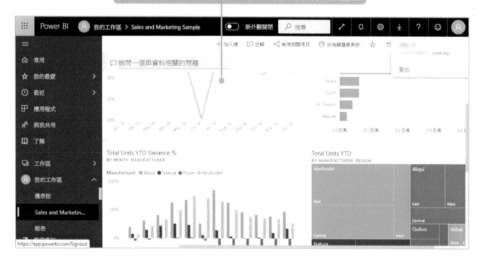

雲端與行動平台超前部署

8-4-2 在 Power BI 雲端平台列印報表

編輯完成的報表如果想以書面紙本的方式列印，Power BI 雲端平台也提供報表列印的功能，這項功能位於「檔案」功能表，作法如下：

Step 01

2 執行「檔案」功能表選單中的「列印」指令

1 開啟要列印的報表檔案

Step 02

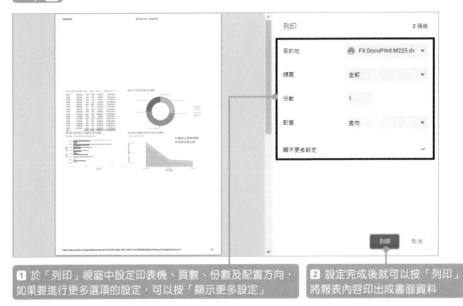

1 於「列印」視窗中設定印表機、頁數、份數及配置方向，如果要進行更多選項的設定，可以按「顯示更多設定」

2 設定完成後就可以按「列印」將報表內容印出成書面資料

8-4-3 將報表匯出至 PowerPoint 簡報檔

除了上述提到的列印功能外，也可以直接將報表匯出至 PowerPoint 簡報檔，接著各位就可以直接以 PowerPoint 開啟該匯出後的簡報檔案，進行更具圖表視覺的專業簡報。要將報表匯出至 PowerPoint 簡報檔，參考作法如下：

Step 01

2 執行「檔案」功能表選單中的「匯出至 PowerPoint」指令

1 開啟要轉存成簡報的報表檔案

Step 02

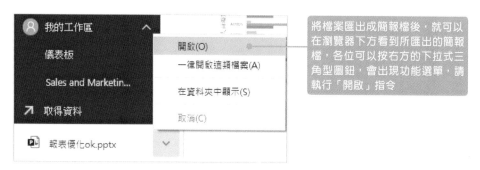

將檔案匯出成簡報檔後，就可以在瀏覽器下方看到所匯出的簡報檔，各位可以按右方的下拉式三角型圖鈕，會出現功能選單，請執行「開啟」指令

Step **03**

各位就可以看到剛才匯出的報表檔已被 PowerPoint 軟體開啟，接著就可以針對簡報內容做加強，或直接按功能鍵 F5 進行簡報播放

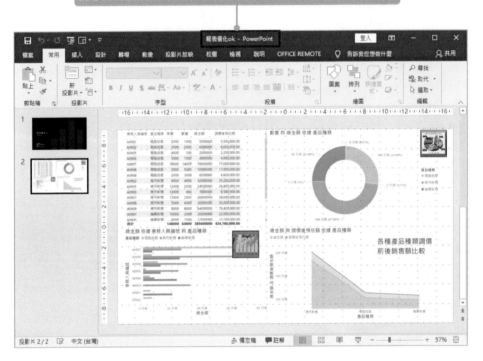

8-4-4　將報表匯出為 PDF 檔案

在前面示範列印與匯出成簡報的「檔案」功能表中，各位應該有注意到，我們也可以將報表匯出為 PDF 檔案，匯出後就可以各種支援 PDF 檔案開啟的軟體或瀏覽器，將所匯出的 PDF 格式的報表開啟檢視，如下圖外觀所示：

報表內容已轉存成 PDF 檔案格式，於此可以看出此報表檔案轉成 PDF 後共有 4 頁，此畫面為第 1 頁的報表外觀

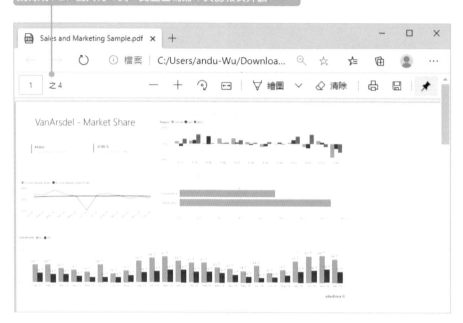

▼ 雲端與行動平台超前部署

8-5　Power BI 行動裝置嘛會通

我們可以在行動裝置上安裝「Microsoft Power BI」，如此一來就可以在行動裝置上查看自己在 Power BI 雲端平台所佈置的儀表板或報表資料表，也可以查看他人在 Power BI 雲端平台所共用的報表資訊，這些行動裝置的作業系統可以是 iOS、Android 或 Windows 10。接著我們就以支援 iOS 作業系統的手機為例，示範如何於 iPhone 手機下載安裝「Microsoft Power BI」應用程式。

8-5-1　在行動裝置下載 Microsoft Power BI

要在 iPhone 手機下載 Microsoft Power BI 前，必須先於桌面上點選「App Store」圖示，進入「App Store」軟體下載的商城，完整的下載過程步驟如下：

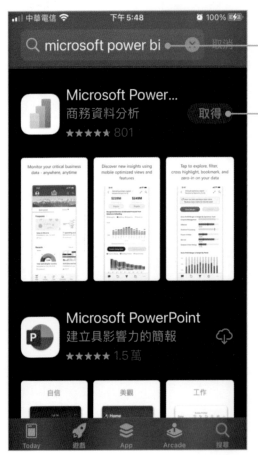

❶ 於「App Store」軟體商城輸入關鍵字「microsoft power bi」可以找到「Microsoft Power BI」應用程式

❷ 按「取得」鈕，等下載安裝完成後就可以啟動「Microsoft Power BI」應用程式

▼ 雲端與行動平台超前部署

接著會有一連串的說明畫面，請按「繼續」鈕，在所出現的各種說明畫面，看完後請直接按「下一步」鈕

直到最後一個說明畫面，再按「開始吧！」

8-5-2 Power BI 行動版功能簡介

接著就會登入 Microsoft Power BI 應用程式的首頁：

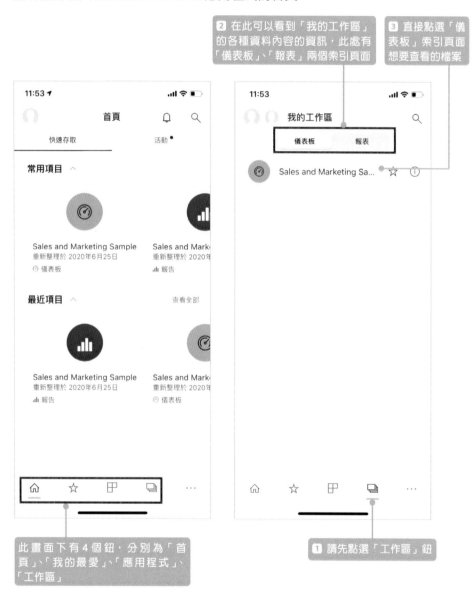

2 在此可以看到「我的工作區」的各種資料內容的資訊，此處有「儀表板」、「報表」兩個索引頁面

3 直接點選「儀表板」索引頁面想要查看的檔案

此畫面下有 4 個鈕，分別為「首頁」、「我的最愛」、「應用程式」、「工作區」

1 請先點選「工作區」鈕

▼ 雲端與行動平台超前部署

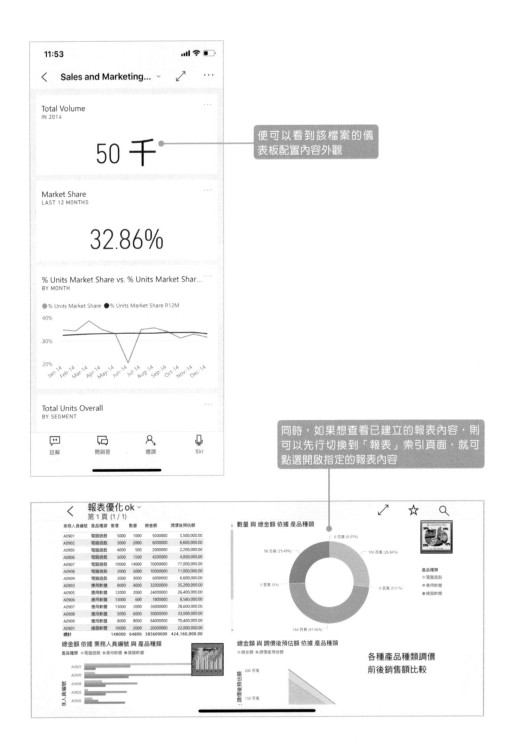

便可以看到該檔案的儀表板配置內容外觀

同時,如果想查看已建立的報表內容,則可以先行切換到「報表」索引頁面,就可點選開啟指定的報表內容

8-5-3 在行動裝置查看範例

另外,如果想在行動裝置參考 Power BI 的其他行業相關範例,操作步驟參考如下:

② 按「範例」　① 按此鈕叫出功能表單

此頁面中包含了許多 Power BI 的範例,各位可以自行點選感興趣的範例進行查看參考

▼ 雲端與行動平台超前部署

8-5-4 在行動裝置登出 Power BI 帳號

當各位想登出 Power BI 的帳號時，請參考底下作法：

1 當各位想登出 Power BI 的帳號時，可以先點選代表使用者的圖示

再按此「設定」頁面帳戶下的「登出」鈕

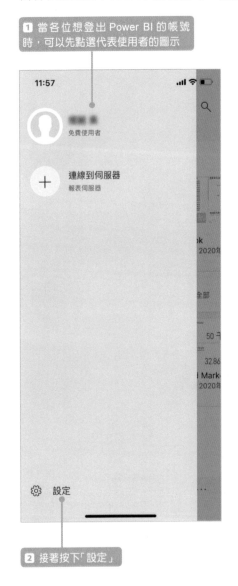

2 接著按下「設定」

出現此畫面，如果確定要登出，就請再按一次「登出」鈕，不過請注意，登出後，您將不會在手機上看到 Power BI 儀表板與報表

▼ 雲端與行動平台超前部署

Note

讓 ChatGPT 來增進 Power BI 資料分析 的效率

今年度最火紅的話題絕對離不開 ChatGPT，目前網路、社群上對於 ChatGPT 的討論已經沸沸揚揚。ChatGPT 是由 OpenAI 所開發的一款基於生成式 AI 的免費聊天機器人，擁有強大的自然語言生成能力，可以根據上下文進行對話，並進行多種應用，包括客戶服務、銷售、產品行銷等，短短 2 個月全球用戶高達 1 億，超過抖音的用戶量。ChatGPT 是由 OpenAI 公司開發的，該技術是建立在深度學習（Deep Learning）和自然語言處理技術（Natural Language Processing, NLP）的基礎上。由於 ChatGPT 基於開放式網絡的大量數據進行訓練，使其能夠產生高度精確、自然流暢的對話回應，與人進行交互。如下圖所示：

ChatGPT 能以一般人的對話方式與使用者互動，例如提供建議、寫作輔助、寫程式、寫文章、寫信、寫論文、劇本小說…等，而且所回答的內容有模有樣，除了可以給予各種問題的建議，也可以幫忙寫作業或程式碼，例如下列二圖的回答內容：

請用C++寫九九乘法表的程式

以下是用 C++ 寫九九乘法表的程式：

```c++
#include <iostream>
using namespace std;

int main() {
    for (int i = 1; i <= 9; i++) {
        for (int j = 1; j <= 9; j++) {
            int product = i * j;
            cout << i << " x " << j << " = " << product << endl;
        }
        cout << endl; // 換行
    }
    return 0;
}
```

程式中使用了兩個 `for` 迴圈，第一個 `for` 迴圈控制乘數，第二個 `for` 迴圈控制被乘數，兩個相乘的結果存放在 `product` 變數中，最後使用 `cout` 輸出結果。在第一個 `for` 迴圈的結尾使用 `cout << endl;` 換行，使得每個乘數的結果都在單獨一行上顯示。

讓 ChatGPT 來增進 Power BI 資料分析的效率

ChatGPT 之所以強大，是它背後難以計數的資料庫，任何食衣住行育樂的生活問題或學科都可以問 ChatGPT，而 ChatGPT 也會以類似人類會寫出來的文字，給予相當到位的回答，與 ChatGPT 互動是一種雙向學習的過程，在用戶獲得想要資訊內容文本的過程中，ChatGPT 也不斷在吸收與學習，ChatGPT 用途非常廣泛多元，根據國外報導，很多亞馬遜上的店家和品牌紛紛轉向 ChatGPT，還可以幫助店家或品牌在進行網路行銷時，為他們的產品生成吸引人的標題，和尋找宣傳方法，進而與廣大的目標受眾產生共鳴，從而提高客戶參與度和轉換率。

本章將介紹如何使用 ChatGPT 來增進 Power BI 資料分析的效率。尤其是 ChatGPT 能夠幫助我們快速編寫 DAX 公式、Power Query 公式、SQL 查詢等，另外用戶還可以藉助 ChatGPT 回答內容的步驟指引，來整合 Power Automate 和 Power BI，讓我們在 Power BI 中更加高效地進行數據分析。

9-1 人工智慧的基礎

人工智慧（Artificial Intelligence, AI）的概念最早是由美國科學家 John McCarthy 於 1955 年提出，簡單地說，人工智慧就是由電腦所模擬或執行，具有類似人類智慧或思考的行為，例如推理、規劃、問題解決及學習等能力。微軟亞洲研究院曾經指出：「未來的電腦必須能夠看、聽、學，並能使用自然語言與人類進行交流。」

9-1-1 人工智慧的應用

AI 與電腦間地完美結合為現代產業帶來創新革命，應用領域不僅展現在機器人、物聯網（IOT）、自駕車、智慧服務等，甚至與數位行銷產業息息相關，根據美國最新研究機構的報告，

▲ TaxiGo 利用聊天機器人
提供計程車秒回服務

2025 年人工智慧將會在行銷和銷售自動化方面，取得更人性化的表現，有 50% 的消費者強烈希望在日常生活中使用 AI 和語音技術，其他還包括蘋果手機的 Siri、LINE 聊天機器人、垃圾信件自動分類、指紋辨識、自動翻譯、機場出入境的人臉辨識、機器人、智能醫生、健康監控、自動控制等，都是屬於 AI 與日常生活的經典案例。例如「聊天機器人」（Chatbot）漸漸成為廣泛運用的新科技，利用聊天機器人不僅能夠節省人力資源，還能依照消費者的需要來客製化服務，極有可能會是改變未來銷售及客服模式的利器。

9-1-2 人工智慧在自然語言的應用

電腦科學家通常將人類的語言稱為自然語言 NL（Natural Language），比如說中文、英文、日文、韓文、泰文等。自然語言最初都只有口傳形式，要等到文字的發明之後，才開始出現手寫形式。任何一種語言都具有博大精深及隨時間變化而演進的特性，這也使得自然語言處理（NLP）範圍非常廣泛，所謂 NLP 就是讓電腦擁有理解人類語言的能力，也就是一種藉由大量的文本資料搭配音訊數據，並透過複雜的數學「聲學模型」（Acoustic model）及演算法來讓機器去認知、理解、分類，並運用人類日常語言的技術。

本質上，語音辨識與自然語言處理的關係是密不可分的，不過機器要理解語言，是比語音辨識要困難許多，在自然語言處理領域中，首先要經過「斷詞」和「理解詞」的處理，辨識出來的結果還是要依據語意、文字聚類、文本摘要、關鍵詞分析、敏感用語、文法及大量標註的語料庫，透過深度學習來解析單詞或短句在段落中的使用方式，與透過大量文本（語料庫）的分析進行語言學習，才能正確地辨別與解碼（Decode），探索出詞彙之間的語意距離，進而了解其意與建立語言處理模型，最後才能有人機對話的可能，這樣的運作機制也讓 NLP 更貼近人類的學習模式。隨著深度學習的進步，NLP 技術的應用領域已更為廣泛，機器能夠 24 小時不間斷工作且錯誤率極低的特性，使企業對 NLP 的採用率顯著增長，包括電商、行銷、網路購物、訂閱經濟、電話客服、金融、智慧家電、醫療、旅遊、網路廣告、客服等不同行業。

9-2 認識聊天機器人

人工智慧行銷從本世紀以來，一直都是店家或品牌尋求擴大影響力和與客戶互動的強大工具，過去企業為了與消費者互動，需聘請專人全天候在電話或通訊平台前待命，不僅耗費了人力成本，也無法妥善地處理龐大的客戶量與資訊，聊天機器人（Chatbot）則是目前許多店家客服的創意新玩法，背後的核心技術是以自然語言處理中的 GPT（Generative Pre-Trained Transformer）模型為主，利用電腦模擬與使用者互動對話，是由對話或文字進行交談的電腦程式，並讓用戶體驗像與真人一樣的對話。聊天機器人能夠 24 小時提供即時服務，與自設不同的流程來達到想要的目的，協助企業輕鬆獲取第一手消費者偏好資訊，有助於公司精準行銷、強化顧客體驗與個人化的服務。這對許多粉絲專頁的經營者或是想增加客戶名單的行銷人員來說，聊天機器人就相當適用。

▲ AI 電話客服也是自然語言的應用之一
資料來源：https://www.digiwin.com/tw/blog/5/index/2578.html

> **資訊小幫手**
>
> GPT 是「生成型預訓練變換模型（Generative Pre-trained Transformer）」的縮寫，是一種語言模型，可以執行非常複雜的任務，會根據輸入的問題自動生成答案，並具有編寫和除錯電腦程式的能力，如回覆問題、生成文章和程式碼，或者翻譯文章內容等。

9-2-1 聊天機器人的種類

例如以往店家或品牌進行行銷推廣時，必須大費周章取得用戶的電子郵件，不但耗費成本，而且郵件的開信率低，由於聊天機器人的應用方式多元、效果容易展現，可以直觀且方便的透過互動貼標來收集消費者第一方數據，直接幫你獲取客戶的資料，例如：姓名、性別、年齡…等臉書所允許的公開資料，驅動更具效力的消費者回饋。

▲ 臉書的聊天機器人就是一種自然語言的典型應用

聊天機器人共有兩種主要類型：一種是以工作目的為導向，這類聊天機器人是一種專注於執行一項功能的單一用途程式。例如 LINE 的自動訊息回覆，就是一種簡單型聊天機器人。

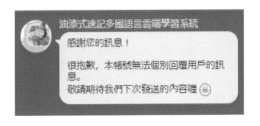

另外一種聊天機器人則是一種資料驅動的模式,能具備預測性的回答能力,如 Apple 的 Siri 就是屬於這種類型的聊天機器人。

例如在臉書粉絲專頁或 LINE 常見有:留言自動回覆、聊天或私訊互動等各種類型的機器人,其實這一類具備自然語言對話功能的聊天機器人也可以利用 NLP 分析方式進行打造,也就是說,聊天機器人是一種自動的問答系統,它會模仿人的語言習慣,也可以和你「正常聊天」,就像人與人的聊天互動,而 NLP 方式來讓聊天機器人可以根據訪客輸入的留言或私訊,以自動回覆的方式與訪客進行對話,也會成為企業豐富消費者體驗的強大工具。

從技術的角度來看，ChatGPT 是根據從網路上獲取的大量文本樣本進行機器人工智慧的訓練，不管你有什麼疑難雜症，你都可以詢問它。當你不斷以問答的方式和 ChatGPT 進行互動對話，聊天機器人就會根據你的問題進行相對應的回答，並提升這個 AI 的邏輯與智慧。

登入 ChatGPT 網站註冊的過程中雖然是全英文介面，但是之後與 ChatGPT 聊天機器人互動發問問題時，可以直接使用中文的方式來輸入，而且回答的內容專業性也不失水平，甚至不亞於人類的回答內容。

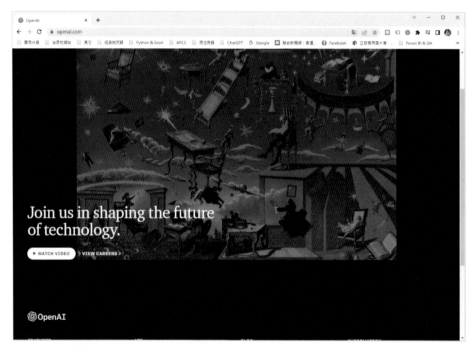

▲ OpenAI 官網
資料來源：https://openai.com/

目前 ChatGPT 可以辨識中文、英文、日文、西班牙…等多國語言，透過人性化的回應方式來回答各種問題。這些問題甚至含括了各種專業技術領域或學科的問題，可以說是樣樣精通的百科全書，不過 ChatGPT 的資料來源並非 100%

正確，在使用 ChatGPT 時所獲得的回答可能會有偏誤，為了讓得到的答案更準確，當使用 ChatGPT 回答問題時，應避免使用模糊的詞語或縮寫。「問對問題」不僅能夠幫助用戶獲得更好的回答，ChatGPT 也會藉此不斷精進優化，切記！清晰具體的提問才是與 ChatGPT 的最佳互動。如果需要深入知道更多的內容，除了盡量提供夠多的訊息，就是提供足夠的細節和上下文。

9-3-1 註冊免費 ChatGPT 帳號

首先我們來示範如何註冊免費的 ChatGPT 帳號，請先登入 ChatGPT 官網（網址為 https://chat.openai.com/），登入官網後，若沒有帳號的使用者，可以直接點選畫面中的「Sign up」按鈕，註冊一個免費的 ChatGPT 帳號：

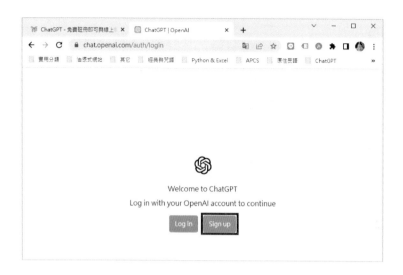

接著輸入 Email 帳號，或是有 Google 帳號、Microsoft 帳號者，也可以透過 Google 帳號或是 Microsoft 帳號進行註冊登入。此處我們直接示範以輸入 Email 帳號的方式來建立帳號。請在下圖視窗中間的文字輸入方塊中輸入要註冊的電子郵件，輸入完畢後，按下「Continue」鈕。

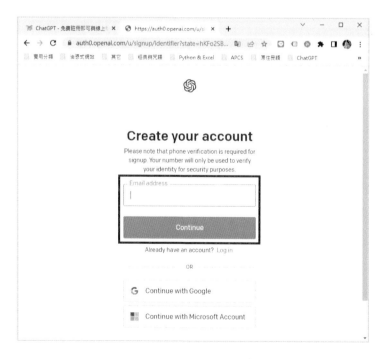

接著如果你是使用 Email 註冊，則系統會要求使用者輸入一組至少 8 個字元的密碼，作為這個帳號的註冊密碼。

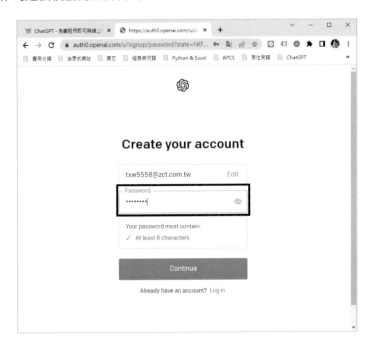

上圖輸入完畢後，接著再按下「Continue」鈕，會出現類似下圖的「Verify your email」的視窗。

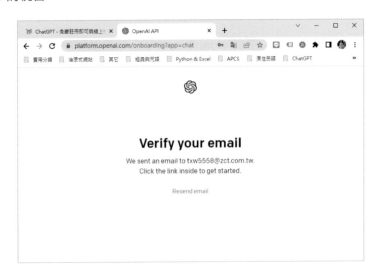

接著請打開自己收發郵件的程式，將會收到如下圖的「Verify your email address」的電子郵件。請直接按下「Verify email address」鈕：

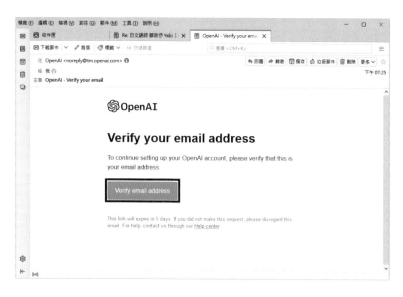

接著會直接進入到輸入姓名的畫面，請注意，這裡要特別補充說明的是，如果是透過 Google 帳號或 Microsoft 帳號快速註冊登入的，那就會直接進入到輸入姓名的畫面：

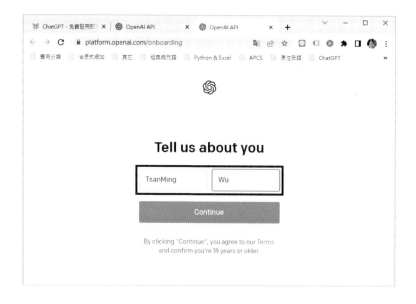

輸入完姓名後，接著按下「Continue」鈕，就會要求輸入個人的電話號碼進行身分驗證，這是一個非常重要的步驟，如果沒有透過電話號碼來通過身分驗證，將無法使用 ChatGPT。請注意輸入行動電話時，直接輸入行動電話後面的數字，例如你的電話是「0931222888」，只要直接輸入「931222888」，輸入完畢後，記得按下「Send Code」鈕。

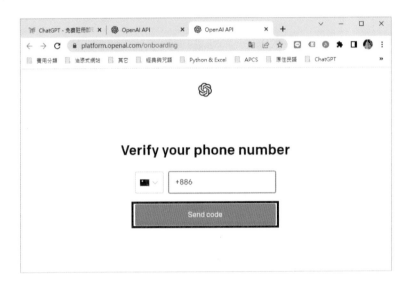

幾秒鐘後就能收到官方系統發送到指定號碼的簡訊，該簡訊會顯示 6 碼的數字。

各位只要於上圖中輸入手機所收到的 6 位驗證碼後，就可以正式啟用 ChatGPT。登入 ChatGPT 之後，會看到下圖畫面，在畫面中可以找到許多和 ChatGPT 進行對話的真實例子，也可以了解使用 ChatGPT 有哪些限制。

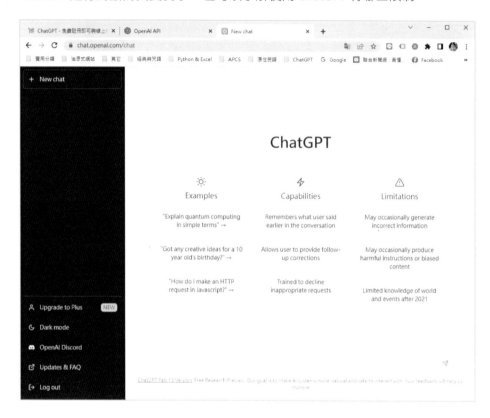

9-3-2 更換新的機器人

你可以藉由這種問答的方式，持續地去和 ChatGPT 對話。如果你想要結束這個機器人，可以點選左側的「New chat」，他就會重新回到起始畫面，並開啟一個新的訓練模型，而此時輸入同一個題目，可能得到的結果會不一樣。

例如下圖，我們還是輸入「請用 Python 寫九九乘法表的程式」，按下「Enter」鍵正式向 ChatGPT 機器人詢問，就能得到不同的回答結果：

如果要取得這支程式碼，可以按下回答視窗右上角的「Copy code」鈕，就可以將ChatGPT所幫忙撰寫的程式，複製貼上到Python的IDLE程式碼編輯器，底下為這支新的程式在Python的執行結果。

```
Python 3.11.0 (main, Oct 24 2022, 18:26:48) [MSC v.1933 64 bit (AMD64)] on win32
Type "help", "copyright", "credits" or "license()" for more information.
========== RESTART: C:/Users/User/Desktop/博碩_CGPT/範例檔/99table-1.py ==========
1 x 1 = 1    1 x 2 = 2    1 x 3 = 3    1 x 4 = 4    1 x 5 = 5    1 x 6 = 6    1 x 7 = 7    1 x 8 = 8    1 x 9 = 9
2 x 1 = 2    2 x 2 = 4    2 x 3 = 6    2 x 4 = 8    2 x 5 = 10   2 x 6 = 12   2 x 7 = 14   2 x 8 = 16   2 x 9 = 18
3 x 1 = 3    3 x 2 = 6    3 x 3 = 9    3 x 4 = 12   3 x 5 = 15   3 x 6 = 18   3 x 7 = 21   3 x 8 = 24   3 x 9 = 27
4 x 1 = 4    4 x 2 = 8    4 x 3 = 12   4 x 4 = 16   4 x 5 = 20   4 x 6 = 24   4 x 7 = 28   4 x 8 = 32   4 x 9 = 36
5 x 1 = 5    5 x 2 = 10   5 x 3 = 15   5 x 4 = 20   5 x 5 = 25   5 x 6 = 30   5 x 7 = 35   5 x 8 = 40   5 x 9 = 45
6 x 1 = 6    6 x 2 = 12   6 x 3 = 18   6 x 4 = 24   6 x 5 = 30   6 x 6 = 36   6 x 7 = 42   6 x 8 = 48   6 x 9 = 54
7 x 1 = 7    7 x 2 = 14   7 x 3 = 21   7 x 4 = 28   7 x 5 = 35   7 x 6 = 42   7 x 7 = 49   7 x 8 = 56   7 x 9 = 63
8 x 1 = 8    8 x 2 = 16   8 x 3 = 24   8 x 4 = 32   8 x 5 = 40   8 x 6 = 48   8 x 7 = 56   8 x 8 = 64   8 x 9 = 72
9 x 1 = 9    9 x 2 = 18   9 x 3 = 27   9 x 4 = 36   9 x 5 = 45   9 x 6 = 54   9 x 7 = 63   9 x 8 = 72   9 x 9 = 81
```

其實，各位還可以透過同一個機器人不斷的向他提問同一個問題，他會根據前面所提供的問題與回答，換成另外一種角度與方式來回應你原本的問題，就可以得到不同的回答結果，例如下圖又是另外一種九九乘法表的輸出外觀：

9-3-3 登出 ChatGPT

當要登出 ChatGPT，只要按下畫面中的「Logout」鈕。

登出後就會看到如下的畫面，再按下「Log In」鈕即可再次登入 ChatGPT。

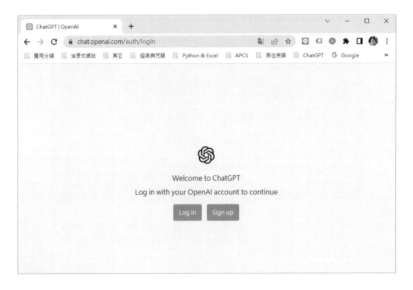

9-4 ChatGPT 正確使用訣竅

我們將談談 ChatGPT 正確使用訣竅及一些 ChatGPT 的重要特性，這將有助於各位可以更加得心應手地利用 ChatGPT。當使用 ChatGPT 進行對話前，必須事先想好明確的主題和問題，才可以幫助 ChatGPT 更加精準理解你要問的重點，才能提供一個更準確的答案。尤其所輸入的問題，必須簡單、清晰、明確，避免使用難以理解或模糊的語言，才不會發生 ChatGPT 的回答內容不是自己所期望的。

 張淑芬是誰

很抱歉，我無法找到任何關於「張淑芬」的明確參考，請提供更多上下文或相關信息以便我更好地回答您的問題。

因為 ChatGPT 的設計目的是要理解和生成自然語言，因此與 ChatGPT 對話要儘量使用自然的、流暢的語言，尤其是避免使用過於正式或技術性的語言。另外需要注意到，不要問與主題無關的問題，這樣有可能導致回答內容，和自己想要問的題目不相關。

 請以狗的角色寫一支萬年曆的電腦程式

很抱歉，狗沒有寫程式的能力，而且狗也不具備理解萬年曆所需的概念和計算能力。不過，如果有人想以狗的角色寫一支萬年曆的電腦程式，可以先對萬年曆的計算方式和輸入格式進行研究，然後使用Python等編程語言進行開發。在編程過程中，可以運用編程技巧和數學知識，如日期計算、循環結構、條件語句等，以實現萬年曆的功能。雖然狗沒有這種能力，但這正是人類利用自己的智慧和技能，通過編程來創造更多價值和便利的方式。

有一點要強調的是在與 ChatGPT 進行對話時，還是要保持基本的禮貌和尊重，不要使用攻擊性的語言或不當言詞，保持禮貌和尊重的提問方式，將有助於建立一個良好的對話環境。

9-4-1 能記錄對話內容

因為與 ChatGPT 進行對話時，它會記錄對話內容，因此如果你希望 ChatGPT 可以回答更準確的內容，就必須儘量提供足夠的上下文訊息，例如問題的背景描述、角色細節及專業領域等。

9-4-2 專業問題可事先安排人物設定腳本

要輸入的問題，也可以事先設定人物的背景專業，也就是說：有事先說明人物背景設定與沒有事先說明人物背景，其回答的結果也可能會是完全不一樣的重點。例如我們問 ChatGPT 如何改善便祕的診斷方向，如果沒有事先設定人物背景的專業，其回答內容可能較為一般通俗性的回答。但是如果事先設定角色為中醫師，其回答內容就可能是完全不同的重點。

9-4-3 目前只回答 2021 年前

這是因為 ChatGPT 是使用 2021 年前所收集到的網路資料進行訓練，如果各位試著提問 ChatGPT 2022 年之後的新知，就有可能出現無法回答的情況。此時可以安裝擴充功能（或稱外掛程式），來要求查詢網路上較新的資訊。例如安裝透過 WebChatGPT 這個 Chrome 瀏覽器的外掛，就可以幫助 ChatGPT 從 Google 搜索到即時數據內容，然後根據搜尋結果整理出最後的回答結果。

9-4-4 善用英文及 Google 翻譯工具

ChatGPT 在接收到英文問題時，其回答速度及答案的完整度及正確性較好，所以如果想要以較快的方式取得較正確或內容豐富的解答，就可以考慮先以英文的方式進行提問，如果自身的英文閱讀能力夠好，就可以直接吸收英文的回答內容。就算英文程度不算好，想要充份理解 ChatGPT 的英文回答內容，只要善用 Google 翻譯工具，也可以將英文內容翻譯成中文來幫助理解，而且 Google 翻譯品質還有一定的水平。

9-4-5 熟悉重要指令

ChatGPT 指令相當多元，您可以要求 ChatGPT 編寫程式，也可以要求 ChatGPT
幫忙寫 README 文件，或是要求 ChatGPT 幫忙編寫履歷與自傳或是協助外國語
言的學習。如果想充份了解更多有關 ChatGPT 常見指令大全，建議各位可以連
上「ExplainThis」這個網站，在下列網址的網頁中，提供諸如程式開發、英語
學習、寫報告⋯等許多類別指令，可以幫助各位更能充分發揮 ChatGPT 的強大
功能。

▲ 資料來源：https://www.explainthis.io/zh-hant/chatgpt

9-4-6 充份利用其他網站的 ChatGPT 相關資源

除了上面介紹的「ChatGPT 指令大全」網站的實用資源外，由於 ChatGPT 功能
強大，而且應用層面廣，現在有越來越多的網站提供 ChatGPT 不同方面的資
源，包括：ChatGPT 指令、學習、功能、研究論文、技術文章、示範應用等相
關資源，本節推薦幾個 ChatGPT 相關資源的網站，介紹如下：

- OpenAI 官方網站：提供 ChatGPT 的相關技術文章、示範應用、新聞發布等等：https://openai.com/。

- GitHub：是一個網上的程式碼存儲庫（Code Repository）它的主要宗旨在協助開發人員與團隊進行協作開發。GitHub 使用 Git 作為其基礎技術，它使得開發人員可以更好地掌握代碼版本控制，更容易地協作開發。OpenAI 官方的開放原始程式碼和相關資源：https://github.com/openai。

- arXiv.org：提供 ChatGPT 相關的學術研究論文和技術報告：https://arxiv.org/。

- Google Scholar：提供 ChatGPT 相關的學術研究論文和技術報告的搜尋引擎：https://scholar.google.com/。

- Towards Data Science：提供有關 ChatGPT 的技術文章和教學：https://towardsdatascience.com/。

- 數位時代：提供有關 ChatGPT 的技術文章和示範應用：https://www.bnext.com.tw/。

9-5 如何透過 ChatGPT 輔助 Power BI 的資料視覺化任務

本小節將介紹如何透過 ChatGPT 來輔助 Power BI 的資料視覺化任務。我們將探討如何向 ChatGPT 詢問可用的資料視覺化輔助建議，如何根據資料屬性挑選最合適的圖表類型，如何尋找練習資料視覺化的合適資料集，以及如何詢問 Power BI 資料視覺化工具適用的情境。

9-5-1 詢問 ChatGPT 能提供哪些資料視覺化的輔助建議

在進行 Power BI 的資料視覺化任務時，我們經常需要面對各種數據和圖表的挑戰。ChatGPT 可以幫助我們更快、更準確地獲得有關 Power BI 資料視覺化的輔

助建議。本小節我們將介紹如何使用 ChatGPT 來請求有關 Power BI 中可用的視覺化類型、圖表設計、數據處理和可視化技巧的建議。

⬇ **輸入問題**

是否能提供有哪些可用的資料視覺化的輔助建議

⬇ **ChatGPT 回答畫面**

是否能提供有哪些可用的資料視覺化的輔助建議

當您需要將大量的數據以可視化的方式呈現時，選擇合適的資料視覺化方式非常重要。以下是一些常用的資料視覺化輔助建議，可讓您更好地理解和分析數據：

1. 柱狀圖/長條圖：顯示類別型數據的大小或頻率。
2. 折線圖：顯示連續型數據隨時間的變化趨勢。
3. 散點圖：展示兩個連續型數據之間的關係。
4. 圓餅圖：展示類別型數據在整體中的占比情況。
5. 熱力圖：用色彩深淺表示數據的密度和分布情況。
6. 地圖：將數據以地圖的形式展示出來，便於地理分析。

此外，還有其他形式的資料視覺化可供選擇，例如雷達圖、箱型圖、直方圖等。選擇合適的圖表類型取決於您想要展示的數據類型、目的以及受眾。ChatGPT可以幫助您進一步了解每種圖表類型的用途和優點，從而為您提供更精確的資料視覺化建議。

9-5-2 如何根據資料屬性挑選合適的視覺化圖表

在進行 Power BI 的資料視覺化任務時，我們經常需要根據不同的數據屬性選擇最適合的視覺化圖表，以便更好地展示數據和傳達數據洞察。但是如果選擇不恰當的圖表類型可能會導致數據洞察難以理解或無法傳達，這會對分析和報告的有效性產生負面影響。

本小節將介紹如何根據資料屬性挑選合適的視覺化圖表。我們將探討如何使用 ChatGPT 來詢問有關 Power BI 中不同圖表類型的建議。透過本節的學習，您將學會如何選擇最佳的視覺化方式，讓您的數據洞察更容易被理解和傳達，進而提高分析和報告的效果。

⬇ 輸入問題

如果要比較台北部門與高雄部門的業績表現，使用哪一種圖表比較合適？

⬇ **ChatGPT** 回答畫面

⬇ 輸入問題

如果想要呈現氣候的變化，哪一種圖比較合適呢？

⬇ **ChatGPT** 回答畫面

⬇ 輸入問題

如果想要呈現世界棒球經典賽的比賽結果，哪一種圖比較合適呢？

⬇ **ChatGPT** 回答畫面

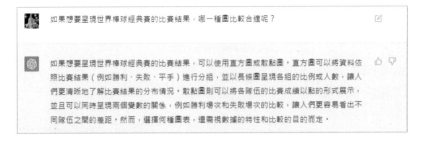

9-5-3 尋求練習資料視覺化的合適資料集

要熟練掌握 Power BI 的資料視覺化技能，練習是必不可少的。然而，要找到適合練習的資料集可能並不容易，特別是對於初學者來説。透過本小節的學習，您將學會如何尋找和選擇最適合的練習資料集，進而提高您的資料視覺化技能。

⬇ 輸入問題

我想練習 Power BI 資料視覺化的各種圖表，可否實際提供一個具備多種資料欄位的資料集範本，方便我在 Power BI 練習資料視覺化的功能

⬇ ChatGPT 回答畫面

09

▼ 讓 ChatGPT 來增進 Power BI 資料分析的效率

如果要取得這些練習資料，可以按下「Copy code」鈕，再複製到 Excel 或其他資料來源的文件中，接著就可以將這個練習的資料集匯入 Power BI，去練習實作常用圖表的設計工作。

9-5-4 請 ChatGPT 回答圖表的設計建議

在 Power BI 中,圖表的設計是非常重要的,因為它能夠讓數據更加直觀地展示出來。然而,對於沒有經驗的用戶來說,圖表的設計可能會成為一個挑戰。在這種情況下,ChatGPT 可以幫助您獲得更好的圖表設計建議。

本小節將介紹如何藉助 ChatGPT 提出有關圖表設計的問題。例如,如何選擇適合的圖表類型?在回答這些問題時,ChatGPT 將根據 Power BI 的知識庫提供最佳的建議,這將有助於提高您的圖表設計技能,使您的數據分析和報告更加精確、有說服力。

 輸入問題

可否用繁體中文告訴我,使用漏斗圖表的設計建議

 ChatGPT 回答畫面

可否用繁體中文告訴我,使用漏斗圖表的設計建議

當你需要呈現一個流程中的步驟數據,例如網站註冊流程中的用戶轉換率,這時漏斗圖表可以非常有效地呈現這些數據。以下是一些使用漏斗圖表的設計建議:

1. 確定關鍵步驟:在設計漏斗圖表之前,請確保已經確定了整個流程中的關鍵步驟。如果漏斗中有任何步驟被省略或漏掉,那麼整個圖表的可信度就會受到影響。

2. 定義衡量指標:對於每個步驟,需要定義一個衡量指標來表示轉換率。例如,如果你想要分析註冊流程的轉換率,那麼你可以將每個步驟的轉化率定義為「轉換量/訪問量」。

3. 按順序排列步驟:在漏斗圖表中,步驟應按照流程順序進行排列,並且需要顯示每個步驟的轉換率。在進行漏斗圖表設計時,建議使用不同的顏色或圖示來區分每個步驟,以使圖表更加易於理解。

4. 強調重點:對於最關鍵的步驟,建議使用不同的顏色或圖示進行強調。這樣可以吸引讀者的注意力,讓他們更加關注流程中最關鍵的部分。

5. 監控轉換率:使用漏斗圖表可以方便地監控每個步驟的轉換率。如果發現某個步驟的轉換率低於預期,可以立即對流程進行調整,以提高整個流程的效率。

希望這些設計建議對你有所幫助,讓你在使用漏斗圖表時更加得心應手。

輸入問題

可否用繁體中文告訴我，使用樹狀圖表的設計建議

 ChatGPT 回答畫面

可否用繁體中文告訴我，使用樹狀圖表的設計建議

樹狀圖表通常用於呈現階層式數據，例如組織架構或產品分類。以下是一些使用樹狀圖表的設計建議：

1. 確定層級：在設計樹狀圖表之前，請確定層級結構，以便在圖表中呈現。通常情況下，樹狀圖表是由父節點和子節點構成的，父節點可以有多個子節點，子節點也可以有多個子節點，以此類推。
2. 按照層級排序：在樹狀圖表中，節點應按照層級進行排序，以便更容易地理解數據。對於每個節點，建議使用不同的顏色或圖示來進行標記，以區分不同的層級。
3. 標註節點：對於重要的節點，建議進行標註，以便更容易地識別。例如，你可以使用標註來標示最高層級的節點，或者標註重要的子節點。
4. 限制節點數量：由於樹狀圖表可能包含大量節點，因此建議限制顯示節點的數量，以便更容易理解數據。你可以使用縮放功能來查看不同層級的節點。
5. 提供交互功能：為了更好地理解數據，建議提供交互功能。例如，你可以允許用戶點擊節點以查看更詳細的信息，或者使用過濾器來限制節點的數量。

希望這些設計建議能夠幫助你在使用樹狀圖表時更加得心應手，讓你能夠更好地呈現數據並進行分析。

9-5-5 詢問 Power BI 資料視覺化工具適用的情境

在 Power BI 中，資料視覺化工具是用來展示數據和洞察的重要工具。然而，不同的資料視覺化工具適用的情境可能不同，這也意味著在使用這些工具時需要根據不同的情況做出不同的選擇。

在本小節中，我們將介紹如何透過 ChatGPT 詢問 Power BI 資料視覺化工具適用的情境，以幫助您做出更好的決策。您可以向 ChatGPT 提出與資料視覺化工具相關的問題，例如什麼情況下使用柱狀圖比較合適？什麼情況下使用散點圖比較合適？在回答這些問題時，ChatGPT 會根據 Power BI 的知識庫和您提供的相關信息，提供最佳的建議。

讓 ChatGPT 來增進 Power BI 資料分析的效率

⬇ 輸入問題

請問在哪些情境適合使用哪一套資料視覺化工具軟體呢？

⬇ **ChatGPT 回答畫面**

 請問在哪些情境適合使用哪一套資料視覺化工具軟體呢？

 選擇資料視覺化工具軟體時，需要考慮以下因素：

1. 目的：首先，要考慮你想要達到的目的是什麼？你是要呈現數據報告、分析、洞察或者展示數據趨勢等等？不同的目的需要不同的工具，例如：

- 要製作精美的報告，可以使用Microsoft PowerPoint、Prezi、Canva等工具。
- 要進行數據分析，可以使用Tableau、Power BI、Google Data Studio等工具。
- 要展示數據趨勢，可以使用Chartio、Domo等工具。

2. 數據：不同的工具有不同的數據處理能力和格式支援，需要根據你的數據來選擇合適的工具。例如：

- 如果你的數據量較小，可以使用Excel等軟體進行數據分析和報告。
- 如果你的數據較大，需要處理實時數據，可以使用Spark等大數據處理工具。
- 如果你的數據需要與其他應用程式或系統進行整合，可以使用API或Webhook進行數據整合。

3. 使用者：最後，需要考慮使用者的需求和技能。例如，如果你的團隊已經熟悉Excel，那麼使用Excel進行數據分析和報告可能更為方便和高效。如果你的團隊需要編寫自定義代碼，那麼使用Python或R進行數據分析可能更為適合。

總之，在選擇資料視覺化工具軟體時，需要根據你的目的、數據和使用者需求來進行評估和比較。

輸入問題

請問 Power BI 視覺化工具，在哪些情境適合使用哪一套軟體呢？

 ChatGPT 回答畫面

> 請問Power BI視覺化工具，在哪些情境適合使用哪一套軟體呢？
>
> Power BI 是一個功能強大的商業智能工具，適用於各種情境，以下是一些例子：　　　　👍 👎
>
> 1. 商業分析：Power BI 可以幫助企業進行商業分析，將多個數據源整合在一起，並提供互動式報表和可視化圖表，讓用戶更好地理解數據和趨勢。
> 2. 銷售和營銷：Power BI 可以幫助企業了解銷售和營銷數據，包括營收、銷售量、市場份額等等。Power BI 可以讓用戶進行深度分析，並創建漂亮的報表和圖表，以幫助企業做出更明智的決策。
> 3. 預算和財務分析：Power BI 可以幫助財務人員了解財務數據，包括預算、現金流量、成本和收益等等。Power BI 可以提供實時數據，讓用戶能夠更快速地做出財務決策。
> 4. IT 分析：Power BI 可以幫助 IT 團隊監視服務器和應用程序的健康狀態，並提供報告和警報，以幫助 IT 團隊更好地了解系統的狀態和問題。
>
> 總之，Power BI 適用於各種情境，尤其適用於需要整合多個數據源並進行深度分析的情境。如果您需要進行商業智能和數據分析，Power BI 是一個值得考慮的選擇。

9-6 ChatGPT 能給予 Power BI 的用戶什麼協助

在本小節中，我們將介紹 ChatGPT 如何幫助 Power BI 用戶完成各種任務，包括查詢函數語法、提供程式碼建議、查詢特殊色彩的代碼以及獲取網路資源或素材的管道等。

9-6-1 查詢函數語法

函數是 Power BI 中非常重要的元素之一，因為它們可以幫助用戶在報表中執行各種計算，從而洞察數據。在這一小節中，我們將探討如何使用 ChatGPT 來查

讓 ChatGPT 來增進 Power BI 資料分析的效率

詢 Power BI 函數語法，以幫助您更有效地使用 Power BI。接著請各位參考底下的範例說明：

 輸入問題

請問 Power BI 有哪些實用的函數

 ChatGPT 回答畫面

> 請問Power BI有哪些實用的函數
>
> Power BI有許多實用的函數，以下是一些常用的函數：
>
> 1. SUM：計算數值欄位的總和。
> 2. AVERAGE：計算數值欄位的平均值。
> 3. MAX：找出數值欄位的最大值。
> 4. MIN：找出數值欄位的最小值。
> 5. CONCATENATE：將多個文字欄位合併成一個。
> 6. LEFT：從文字欄位的左側提取指定的字符數。
> 7. RIGHT：從文字欄位的右側提取指定的字符數。
> 8. MID：從文字欄位的中間提取指定的字符數。
> 9. IF：根據條件返回不同的值。
> 10. AND：檢查多個條件是否都為真。
> 11. OR：檢查多個條件是否有一個為真。
> 12. NOT：將給定的條件反轉。
>
> 這些函數可以幫助用戶進行各種數據分析和計算。在Power BI中，可以使用這些函數進行數據轉換和建立計算欄位。

⬇ 輸入問題

Power BI concatenate 函數語法是什麼？

⬇ **ChatGPT 回答畫面**

9-6-2　給定任務直接提供程式碼的建議

在使用 Power BI 時，您可能會遇到各種任務和挑戰，需要相應的程式碼來解決。本小節將向您展示如何使用 ChatGPT 來獲取有關 Power BI 程式碼的建議，並幫助您更快、更準確地完成任務。

⬇ **輸入問題**

我如何能在 Power BI 計算全班數學科目的平均及排名

⬇ **ChatGPT 回答畫面**

我如何能在Power BI計算全班數學科目的平均及排名

要計算全班數學科目的平均值，可以使用Power BI中的AVERAGE函數。以下是一個計算全班數學平均分的公式：

```scss
AVERAGE(Table1[Math])
```

其中，Table1是包含數學成績的表格，Math是數學成績的欄位名稱。使用這個公式，Power BI會計算Table1中所有數學成績的平均值。

要計算學生在全班中的排名，可以使用RANKX函數。以下是一個計算學生數學排名的公式：

```scss
RANKX(Table1, Table1[Math])
```

這個公式會在Table1中計算每個學生的數學成績排名。排名越高的學生排名值越小，排名相同的學生排名值相同。

如果需要計算每個學生的數學平均分和排名，可以使用以下公式：

```javascript
ADDCOLUMN(
    Table1,
    "Avg Math", AVERAGE(Table1[Math]),
    "Math Rank", RANKX(Table1, Table1[Math])
)
```

這個公式會在Table1中添加兩個新欄位，Avg Math表示每個學生的數學平均分，Math Rank表示每個學生的數學排名。使用這個公式，Power BI會計算每個學生的數學平均分和排名，並將結果添加到Table1中。

9-6-3 查詢特殊色彩的代碼

在 Power BI 中，使用特定的色彩可以幫助我們更好地視覺化資料，讓報表更加易讀且具有吸引力。但是有時候，我們可能需要使用一些特殊的色彩，例如公司的品牌色或特定的配色方案。在這種情況下，我們可能需要查詢這些特殊色彩的代碼。在本小節中，我們將介紹如何利用 ChatGPT 來查詢 Power BI 特殊色彩的代碼，讓您輕鬆地為報表添加自己所需的色彩。例如我想把 Power BI 背景色調整為粉紅色，各位可以這樣問：

輸入問題

粉紅色對應的 RGB 代碼和十六進位代碼是什麼？

ChatGPT 回答畫面

 粉紅色對應的RGB代碼和十六進位代碼是什麼？

 粉紅色的RGB代碼是(255, 192, 203)，對應的十六進位代碼是#FFC0CB。

RGB代碼表示紅色、綠色和藍色三種基本顏色的值，每種顏色的值範圍從0到255。因此，粉紅色的RGB代碼中紅色的值是255，綠色的值是192，藍色的值是203。

十六進位代碼是一種將RGB代碼轉換成16進位格式的方法。每個RGB值都會被轉換成兩位16進位數字，因此粉紅色的十六進位代碼是#FFC0CB。其中，FF代表紅色的值255的16進位表示方式，C0代表綠色的值192的16進位表示方式，CB代表藍色的值203的16進位表示方式。

9-6-4 網路學習資源或素材取得管道的查詢

學習 Power BI 的過程中常會需要一些網路學習資源，或是 Power BI 報表設計需要背景素材、圖示素材等等，我們都可以直接向 ChatGPT 提問相關問題，來獲取網路學習資源或素材取得管道的回答建議。

輸入問題

能否提供有關 Power BI 入門或應用的學習資源

 ChatGPT 回答畫面

能否提供有關Power BI入門或應用的學習資源

當然可以！以下是一些有關Power BI入門或應用的學習資源：

1. Microsoft Power BI 官方教學: Power BI官方網站提供了豐富的教學資源，包括教學影片、文檔和範例報表等。您可以透過這些資源了解Power BI的基礎概念、功能和使用方法。
2. Power BI 書籍: 有許多作者寫了Power BI相關書籍，這些書籍可以讓您深入了解Power BI的高級功能、報表設計、數據建模和數據分析技巧等。
3. Power BI 教學影片: 在YouTube上可以找到許多免費的Power BI教學影片，這些影片涵蓋了從入門到進階的所有主題。透過這些影片，您可以輕鬆地學習Power BI的使用方法。
4. Power BI 社群: 在Power BI社群中，您可以與其他Power BI用戶交流經驗、分享報表、提問問題並尋求幫助。社群中有許多熱心的Power BI愛好者，他們可以為您解答各種疑問。
5. Power BI 課程: 如果您想更深入地學習Power BI，可以參加一些付費的Power BI課程，這些課程由專業的Power BI培訓機構提供，可以幫助您在短時間內掌握Power BI的各種技能。

希望這些學習資源能夠幫助您快速學習Power BI的使用方法。

 輸入問題

能否提供有關 Power Bi 報表設計需要背景素材、圖示素材的免費網路素材資源

能否提供有關 Power BI 報表設計需要背景素材、圖示素材的免費網路素材資源

當然可以，以下是一些免費的網路素材資源，可供 Power BI 報表設計使用：

1. Unsplash: Unsplash是一個免費的高品質照片分享網站，其中有大量的免費照片素材可供選擇，這些照片涵蓋了各種類型的主題和場景，非常適合用於 Power BI 報表的背景素材。
2. Pexels: Pexels是另一個免費的照片分享網站，它提供了大量的高品質照片素材，並且有一個非常容易搜索的界面。您可以在Pexels上找到各種主題和風格的照片素材，非常適合用於Power BI報表的設計。
3. Flaticon: Flaticon是一個免費的矢量圖示網站，它提供了各種主題和風格的矢量圖示素材，您可以在Flaticon上找到包括箭頭、圖表、圖示、標誌等在內的各種圖示素材，這些素材可以用於 Power BI 報表的設計。
4. Icons8: Icons8是一個提供免費圖示和照片的網站，其中包含了豐富的圖示素材，Icons8還提供了一個非常方便的應用程序，可以讓您搜索和下載任何圖示素材，這些圖示素材可以用於 Power BI 報表的設計。
5. Freepik: Freepik是一個免費的素材網站，其中包含了大量的矢量圖形、PSD文件、圖片和圖示素材。您可以在Freepik上找到各種類型和風格的素材，非常適合用於 Power BI 報表的設計。

希望這些素材資源可以幫助您創建更好的Power BI報表。請注意，有些素材可能需要註冊或給予作者信用。請仔細閱讀每個網站的使用條款。

9-7　使用 ChatGPT 編寫 DAX 公式

DAX（Data Analysis Expressions）是 Power BI 中的一種數據建模語言，它常被使用於定義計算欄位、表達式、篩選器等。在進行數據分析時，編寫 DAX 公式是一個不可少的步驟。本節將介紹如何使用 ChatGPT 來編寫 DAX 公式，以提高我們的數據分析效率。

如果你不是每天都使用 Power BI，或許對 DAX 公式使用的熟悉度不會太高，因此要隨心所欲地寫 DAX 公式，可能不是一件容易的事，但是在提問的過程中，如果能夠給予 ChatGPT 足夠的訊息，它可以為你寫出完整的 DAX 公式，又或者幫忙寫出公式的大致範本，因此 ChatGPT 可以協助各位在使用 Power BI 編

寫 DAX 公式給予很大的幫助。首先就請 ChatGPT 幫忙寫一個 DAX 公式,示範如下:

⬇ 輸入問題

你如何寫一個 DAX 公式來加總指定資料行內所有數值的總和?

⬇ **ChatGPT 回答畫面**

接著我們再來看另外一個例子,請求 ChatGPT 比較資料表中「台北分公司」與「台中分公司」銷售業績的高低的 DAX 公式。

⬇ 輸入問題

我如何寫一個 DAX 公式來比較台北分公司與台中分公司銷售業績的高低

⬇ ChatGPT 回答畫面

在上面 ChatGPT 回答畫面中,除了看到比較台北分公司與台中分公司銷售業績的高低的 DAX 示範公式外,在程式的下方還會有這支程式的功能說明,以幫助各位更加了解這支程式的撰寫邏輯。底下為這段說明文字的全文:

在這個公式中,我們使用了 IF 函數來比較兩個地區的銷售業績高低。SUMX 函數用於計算特定地區的總銷售額。FILTER 函數用於篩選特定地區的銷售數據。在這個公式中,我們假設資料表中有一個名為 "Sales" 的資料表,其中包含 "Region" 和 "Revenue" 兩個欄位,分別代表地區和銷售額。

如果臺北分公司的銷售額高於台中分公司的銷售額,公式的結果為 "Taipei has higher sales",否則結果為 "Taichung has higher sales"。請注意,此公式僅比較兩個地區的銷售業績高低,如果您需要比較更多地區的銷售業績,可以使用類似的邏輯來擴展公式。

讓 ChatGPT 來增進 Power BI 資料分析的效率

9-8 使用 ChatGPT 編寫 Power Query 公式

Power Query 是 Power BI 中的一個數據轉換工具,它可以將數據來源中的數據轉換成 Power BI 可以使用的格式。在使用 Power Query 時,編寫公式是一個非常重要的步驟。本節將介紹如何使用 ChatGPT 來編寫 Power Query 公式,更加高效地進行數據轉換。

其實在 Power BI 的 Power Query 編輯器,可以讓你從查詢編輯器中,一步步生成查詢的程式碼,來幫助各位進行 Power BI 資料的新增、刪除或修改等工作。例如指定第一行為資料行標頭並變更名稱或新增、移除、複製、分割資料行;又例如變更資料類型、統一字母大小寫、去除空白字元或空白列、取代資料等。

也就是說,Power Query 是一個 ETL 工具,它是 Power BI 的一部分,可幫助使用者在取得和轉換資料時,加速和自動化這些過程。這裡所說的 ETL 是一個縮寫,它代表「Extract-Transform-Load」,是一種用於從各種來源中提取、轉換和載入資料到目的地系統的過程。ETL 工具是一種軟體工具,它可以自動化這些過程,以加速且簡化資料整合的過程。以下是 Power Query 編輯器的主要功能:

- 取得資料:Power Query 可以從各種不同的資料來源中讀取資料,包括檔案、資料庫、Web 服務和其他應用程式。

- 轉換資料:Power Query 提供了一個直觀且易於使用的介面,讓使用者可以輕鬆地轉換和清理資料,包括刪除重複資料、補齊遺漏值、將欄位類型轉換為其他類型、擷取部分文字、分割欄位和合併資料等。

- 結合資料:PowerQuery 可以讓使用者將多個資料來源結合成一個聯合資料集,讓使用者可以進行跨來源的分析和報告。

- 建立自訂函數:Power Query 可以讓使用者建立自訂函數,讓使用者可以在多個轉換步驟中重複使用邏輯。

- 載入資料:Power Query 可以讓使用者將轉換後的資料載入 Power BI 的資料模型中,並將其用於建立報告和儀表板。

總之，Power Query 編輯器提供了一個直觀且強大的介面，讓使用者可以輕鬆地取得、轉換和結合各種資料來源，並為 Power BI 報表提供清晰、準確且完整的資料。接下來，我們就來看如何要求 ChatGPT 生成 Power Query 程式碼的例子：

⬇ 輸入問題

請幫我寫一個 Power Query 的程式碼，可以將檔名為 " 銷售業績 " 的 EXCEL 檔案匯入，並將三個資料行名稱分別設定為 " 人員編號 "，" 產品代號 "，" 產品總類 "，工作表名稱重新命名為 " 人員及產品資訊 "

⬇ ChatGPT 回答畫面

讓 ChatGPT 來增進 Power BI 資料分析的效率

完整程式碼：

```
let
    Source = Excel.Workbook(File.Contents("C:\FilePath\ 銷售業績 .xlsx"), null,
true),
    Sheet1 = Source{[Item=" 工作表名稱 ",Kind="Sheet"]}[Data],
    PromoteHeaders = Table.PromoteHeaders(Sheet1, [PromoteAllScalars=true]),
    RenameColumns = Table.RenameColumns(PromoteHeaders,{{" 原始資料行 1", " 人員
編號 "}, {" 原始資料行 2", " 產品代號 "}, {" 原始資料行 3", " 產品總類 "}}),
    RenameSheet = Excel.Workbook(
        File.Contents("C:\FilePath\ 銷售業績 .xlsx"),
        null,
        true
    ),
    RenameWorksheet = Excel.Workbook(
        RenameSheet,
        [RenameWorksheet=Excel.CurrentWorkbook(){[Name=" 工作表名稱 "]}[Data]],
        [NewName=" 人員及產品資訊 "]
    )
in
    RenameColumns
```

在上面 ChatGPT 回答畫面中，除了提供這個問題解決方案的 Power Query 的程式碼外，在程式的下方還會有這個程式的功能說明，協助各位更加了解這支 Power Query 程式的撰寫邏輯及注意事項。這段說明文字的全文如下：

請務必將 "C:\FilePath\ 銷售業績 .xlsx" 這個路徑更改為您實際的 Excel 檔案路徑，" 工作表名稱 " 這個工作表名稱更改為您要匯入的工作表名稱。程式碼執行完成後，資料表中的三個欄位將被重新命名，工作表名稱也將被重新命名為 " 人員及產品資訊 "。

9-9 使用 ChatGPT 編寫 SQL 查詢

SQL（Structured Query Language）是一種用於管理關係數據庫的語言，它可以用來進行數據查詢、插入、更新、刪除等操作。在 Power BI 中，我們也可以使用 SQL 語言來對數據進行操作。你也可以使用 ChatGPT 來幫助你完成一些任務。如果你習慣在 Power Query 中做所有資料的準備，你可能不熟悉直接寫 SQL 來針對特定資料來源進行查詢。雖然 Power BI 在很大程度上依賴於自訂 DAX 公式，但另一個常見的使用情況是編寫 SQL，並將其輸入到 Power BI 報告中。

我們知道 ChatGPT 可以理解和產生自然語言文本，包括 SQL 查詢。因此，您可以使用 ChatGPT 編寫 SQL 查詢，讓 ChatGPT 為您解析並理解您的查詢，並返回相應的結果。也就是說，事實上你可以要求 ChatGPT 代表你生成 SQL。試著給它一些特定的欄位名，看看它是如何接受自然語言輸入並將其轉化為程式碼。

本節將介紹如何使用 ChatGPT 來編寫 SQL 查詢，讓我們更加快速地進行數據操作。但是，需要注意的是，ChatGPT 目前的能力和限制是根據其在特定時間點的訓練資料而來，並且不保證其能夠理解所有的 SQL 查詢語法或結構。建議只能使用 ChatGPT 作為輔助工具，而不是完全依賴它來編寫。

另外，SQL 查詢是被設置為針對 SQL 資料庫的直接查詢，但是有時候這些查詢可能需要很長的時間來運行。在這種情況下，你可以嘗試將你的 SQL 查詢輸入到 ChatGPT 中，並詢問如何優化它的建議，這是因為 SQL 查詢的編寫方式會極大地影響性能。接著我們就來示範如何請 ChatGPT 幫忙寫一個 SQL 查詢。範例如下：

⬇ 輸入問題

你能寫一個 SQL 查詢，從銷售表中提取所有的記錄，但要對你的日期進行過濾？

讓 ChatGPT 來增進 Power BI 資料分析的效率

ChatGPT 回答畫面

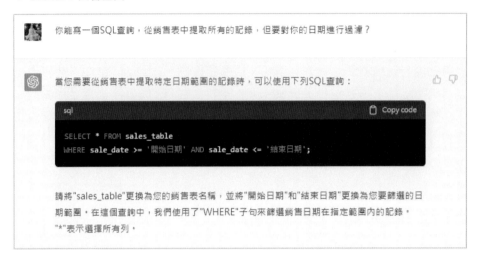

完整程式碼：

```sql
SELECT * FROM sales_table
WHERE sale_date >= ' 開始日期 ' AND sale_date <= ' 結束日期 ';
```

9-10 藉助 ChatGPT 整合 Power Automate 和 Power BI

本節將介紹如何藉助 ChatGPT 的回答步驟指引，來整合 Power Automate 和 Power BI，讓我們更加高效地進行數據自動化流程。Power Automate 的官方網址如下：

▲ 資料來源：https://powerautomate.microsoft.com/zh-tw/

首先我們來談談 Power Automate 是什麼？其主要功能、特色及應用為何？
Power Automate 是一個微軟提供的雲端服務，可以讓使用者自動化不同的工
作流程，節省時間和提高效率。Power Automate 是 Microsoft 的一個自動化
工具，它可以幫助我們自動化一些繁瑣的工作流程。Power Automate 支援許
多不同的應用程式和服務，例如 Microsoft Office 365、Power BI、OneDrive、
SharePoint、Dynamics 365、GitHub、Slack 等等，並建立基於觸發器和條件的
邏輯流程。Power Automate 的特色是可以提供豐富的範本、表單、AI Builder
等工具，讓使用者可以快速和容易地建立和管理自動化流程。使用 Power
Automate，您可以快速輕鬆地自動化許多不同的業務流程，包括工作流程、數
據整合、通知和其他自動化任務。Power Automate 的主要功能和特色包括：

- 低程式碼自動化：Power Automate 使用直觀的拖放式用戶介面，可讓使用
  者快速輕鬆地創建自動化流程，而無需編寫程式碼。

- 多種連接器：Power Automate 支援許多不同的應用程式和服務的連接，可
  讓使用者快速輕鬆地連接不同的數據來源。

- 多種觸發器和動作：Power Automate 支援多種觸發器和動作，讓您可以根
  據時間、事件或條件來啟動流程，或是執行各種操作，例如傳送電子郵件、
  發送通知或更新資料庫。例如定時觸發器、電子郵件觸發器、表單提交觸發

器等等，可讓使用者快速輕鬆地定制自己的自動化流程。

- 支援流程監控和維護：Power Automate 提供多種監控和維護工具，可讓使用者輕鬆地使用行動裝置應用程式，隨時隨地監控流程的執行情況並進行調試和維護。

- Power Automate 的應用範圍非常廣泛，可以用於數據整合、通知、工作流程、自動化報告等許多不同的場景。

簡而言之，Power Automate 是一個可以自動化重複性工作，提升效率的服務。它可以讓您透過雲端流程、桌面流程或商務程式流程來設計屬於您自己的自動化流程。您可以連線至 500 多個資料來源或任何可公開使用的 API，並利用無程式碼 / 少量程式碼平台來建立自動化程式。

例如假設一家企業每週需要生成一個銷售報告，該報告需要匯總數據庫中的銷售數據，並將報告發送給銷售團隊的每位成員。使用 Power Automate，可以建立一個自動化流程，該流程會每週定期觸發，並匯總數據庫中的銷售數據，然後自動生成報告並發送給銷售團隊的每位成員。這樣就可以省去手動編製報告的時間和人力，並確保報告的準確性和及時性。

Power Automate 的應用非常廣泛，可以用於辦公室、教育、金融、製造等領域。另外一個 Power Automate 應用的實例是：當收到一封電子郵件時，自動將附件儲存到 OneDrive，並透過 Teams 發送通知給相關人員。Power Automate 的應用有：

- 自動化商務程式，例如傳送逾期工作的自動提醒、將 Twitter 潛在客戶新增至備份檔案等等。

- 自動化本機電腦上的工作，例如計算 Excel 中的資料、錄製桌面中的滑鼠點選、按鍵動作和複製貼上步驟等等。

- 自動化訂便當系統，例如透過 Forms 建立訂便當表單、透過 SharePoint 建立訂便當資料庫、透過 Outlook 建立領取便當通知等等。

例如下面我們要求 ChaGPT 協助提供一個 Power Automate 應用的實例，其回答畫面及完整的回答內容如下：

一個 Power Automate 應用的實例是：

Power Automate 是一個微軟的服務，可以幫助用戶自動化日常的工作流程，提高效率和節省時間。Power Automate 可以與多種應用和服務集成，例如 Outlook，SharePoint，Excel，Teams 等。在這篇博客文章中，我將給出一個 Power Automate 應用的實例，展示如何使用它來自動發送電子郵件提醒。

假設你是一個項目經理，你需要定期跟進你的團隊成員的任務進度。你可以使用 Power Automate 來創建一個流程，每週一早上向你的團隊成員發送一封電子郵件，提醒他們填寫任務報告。這個流程的步驟如下：

1. 在 Power Automate 網站上，點擊 "創建" 選項，然後選擇 "定期流程"。
2. 在 "觸發器" 部分，選擇 "每週重複"，並設置重複頻率為每週一次，時間為早上 9 點。
3. 在 "操作" 部分，點擊 "添加操作"，然後搜索 "Outlook"。選擇 "發送電子郵件（V2）" 操作。
4. 在 "發送電子郵件（V2）" 操作中，填寫收件人、主題、正文等信息。你可以使用動態內容來自動插入日期、姓名等變量。例如，你可以在正文中寫："親愛的 { 姓名 }，今天是 { 日期 }，請在下午 5 點前填寫本周的任務報告，並發送給我。謝謝你的合作。"
5. 點擊 "保存" 按鈕，完成流程的創建。

這樣，每週一早上 9 點，你的團隊成員就會收到一封自動生成的電子郵件提醒，讓他們及時完成任務報告。這個流程不僅可以減少你的手動工作量，也可以提高你的團隊溝通和協調效率。

這就是一個 Power Automate 應用的實例。如果你想瞭解更多關於 Power Automate 的資訊和教程，你可以訪問微軟官方網站或社區論壇。希望這篇博客文章對你有所幫助。

我們再來看另外一個實例，以自然語言提問的方式，詢問 ChatGPT 如何使用 Power Automate 來更新 Power BI 資料集。

⬇ 輸入問題

如何使用 Power Automate 來更新 Power BI 資料集

讓 ChatGPT 來增進 Power BI 資料分析的效率

⬇ ChatGPT 回答畫面

以下是關於這個問題，ChatGPT 完整回答內容：

要使用 Power Automate 來更新 Power BI 資料集，您可以使用 Power BI 的「觸發器」操作和「Power BI」的「更新資料集」操作。以下是一些步驟：

登入 Power Automate 帳戶並創建一個新的「流程」。

在流程中，使用「Power BI」的「觸發器」操作來選擇當資料集有任何更新時觸發流程的條件。您可以選擇資料集的特定篩選條件或僅當資料集有更新時觸發。

接下來，使用「Power BI」的「更新資料集」操作來選擇要更新的資料集。您需要提供 Power BI 的帳戶資訊以連接 Power BI 服務。

在更新資料集的操作中，您可以選擇要更新的資料集以及要更新的欄位。您可以選擇使用現有的值或使用其他資料源。

完成更新資料集的操作後，您可以選擇將更新後的資料集發送到電子郵件或其他應用程式，或者設定其他操作。

這些步驟可以讓您使用 Power Automate 來更新 Power BI 資料集，並在您的資料有任何更新時自動觸發。

Excel 資料整理
工作指引

Excel 非常適合資料整理的前置工作,尤其它提供許多資料快速輸入的技巧,另外也可以透過尋找及取代,快速找到所需的資料,並進行取代工作。當遇到空白列或資料重複時,都能協助各位快速刪除。如果結合公式或函數的應用,也可以讓資料整理的工作更加得心順手。對於不需要看到的資料也可以透過資料篩選來過濾掉,其他種種與資料整理的實用技巧,都會在本附錄中摘要說明。

A-1 儲存格及工作表實用技巧

儲存格是 Excel 軟體中,最基本的工作對象,在輸入或執行運算時,每個儲存格都是一個獨立的單位。這個章節收納了各種儲存格的操作技巧,只要與儲存格有關的問題,都可以在此找到答案。另外本章節也將 Excel 的一些實用小技巧歸納在一起,方便各位查詢使用。像是移除重複、尋找目標文字、取代目標文字、匯入文字檔、儲存格顯示與隱藏…等,讓各位資料整理的工作更為順利。

A-1-1 儲存格的新增、刪除與刪除

▶ 新增儲存格

選取要新增儲存格的位置,由「常用」標籤按下「插入」鈕下的「插入儲存格」指令,再決定插入的方式。

▶ 刪除儲存格

選取要刪除的儲存格,「常用」標籤按下「插入」鈕下的「刪除儲存格」指令,再決定刪除的方式。

▶ 清除儲存格

按下「Del」或「Backspace」鍵來刪除資料，但若要清除儲存格格式或註解，則必須透過「常用」標籤中的「清除」鈕。

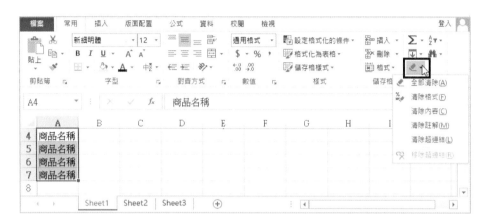

A-1-2 各種快速輸入資料的技巧

▶ 以數值填滿儲存格

`Step 01` 儲存格輸入「1」，並將滑鼠移到儲存格右下方填滿控點上。

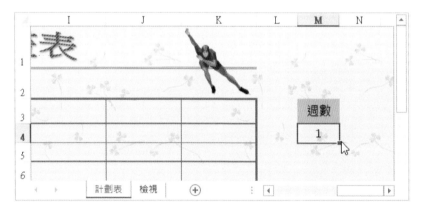

Step 02 按滑鼠右鍵拖曳填滿控點到 M10 儲存格，放開滑鼠右鍵會出現智慧標籤，按下標籤清單鈕，改選「以數列方式填滿」選項。完成後，就會看到儲存格按照數值順序填滿。

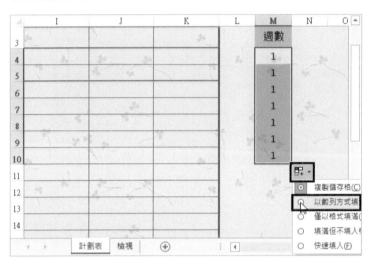

▶ 預測趨勢填滿儲存格

同一欄中只要有兩個數字，Excel 就會預測未來的趨勢將儲存格填滿，預測的趨勢可分成等比趨勢和等差趨勢兩種方式。

Step 01 在 M4 及 M5 輸入「2 與 4」，選取 M4:M5 儲存格，按滑鼠右鍵向下拖曳。

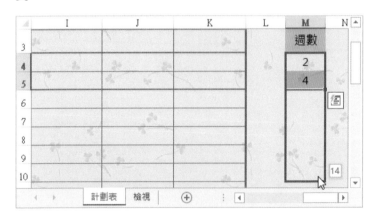

Step 02 放開滑鼠右鍵選擇「等差趨勢」。

Step 03 完成後，數列以 2 為差數填滿儲存格。

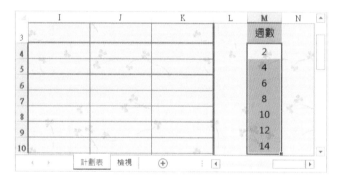

▶ **填滿控點應用**

「填滿控點」功能，能夠省去資料輸入時間。

Step 01 將滑鼠移至此儲存格的右下角，讓指標變為 ✛ 圖示。

Step 02 按住滑鼠左鍵往下拖曳至適當位置後，放開滑鼠左鍵，即可填滿控點。

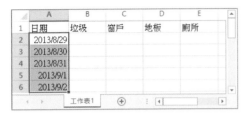

▶ 利用數列填滿方式輸入資料

Step 01 在 A1 儲存格中輸入數列的起始值，接著選取要進行數列填滿的儲存格，由「常用」標籤按下「填滿」鈕中的「數列」指令。

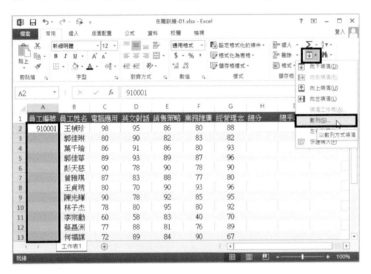

Step 02 選擇「欄」、「等差級數」，並設定間距值與終止值，按「確定」鈕離開即可。

⊙ 使用自動完成

「自動完成」可在輸入文字時，若同一欄內已有相同的資料，只要在輸入第一個字的同時，文字後方即會自動出現同一欄中相同字首的後方文字（數值資料除外）。在自動出現後方文字後按下「Enter」鍵，或將作用儲存格移至其他儲存格即可完成輸入。

	C	D	E	F	G
6	1024*768	40"~300"	2000ANSI	350:1	333*89.5*253 mm
7	1024*768	40"~300"	1700ANSI	350:1	333*89.5*253 mm
8	800*600	40"~300"	1800ANSI	350:1	333*89.5*253 mm
9	1024*768	34"~300"	2000ANSI	350:1	333*89.5*253 mm
10	1024*768	34"~300"	1700ANSI	350:1	333*89.5*253 mm
11	800*600	34"~300"	1800ANSI		
12					

Sheet1 　Sheet2 　Sheet3 　⊕

⊙ 在同一儲存格內強迫換行

設定儲存格「自動換列」時，只有當文字超過儲存格長度時才會發揮作用，若希望能自己控制儲存格文字換行的位置，可將插入點移到要換至下一行的文字前，按下「Alt」+「Enter」鍵即可強迫文字換行。

	A	B	C
1			
2	商品名稱	畫素	解析度
3	CPU-995	786,432	1024*768
4	PROD-461	2,359,296	1024*768

Sheet1 　... 　⊕

▶ 運用清單輸入

從清單輸入文字與自動填滿功能的相同處,在於可快速於同一欄中輸入相同的資料。

Step 01 在作用儲存格按滑鼠右鍵,執行「從下拉式清單挑選」指令。

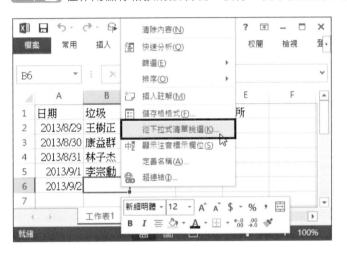

Step 02 當出現下拉式清單後,選擇要填入的資料,即可於選取的儲存格內輸入所選資料。

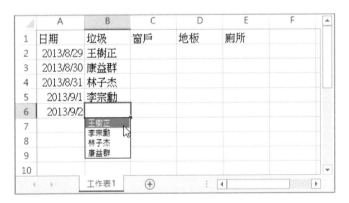

▶ 自訂清單

除了預設的清單項目外,也可以將常用的排列順序自訂於 Excel 的清單中,方便填滿時使用。

Step 01 由「檔案」標籤按下「選項」鈕,切換到「進階」類別,按一下「編輯自訂清單」鈕使開啟「自訂清單」視窗,即可發現預設的清單種類。

Step 02 將自己常用的文字清單加入自訂清單項目中,可於「清單項目」的欄位中輸入個人常用的清單文字,並以「Enter」鍵隔開各文字,或於各文字間以逗點隔開亦可。按下「新增」鈕後,按「確定」鈕離開即可。

⏩ 建立資料驗證的下拉式清單

運用資料驗證的功能來建立清單，可方便使用者進行選取。

Step 01 選取儲存格後，由「資料」標籤按下「資料驗證」鈕，並點選「資料驗證」指令。

Step 02 切換至「設定」標籤，按下拉鈕選擇「清單」，來源處選擇儲存格範圍，按下「確定」鈕離開。

A-1-3 儲存格資料類型與格式設定

⏩ 設定儲存格數值類別

儲存格的數值類別分為通用格式、數值、貨幣、日期、時間、百分比、分數…等。

由「常用」標籤按下「數值」群組中的 🔲 鈕，切換到「數值」標籤，再由「數值」類別中做設定。

⊙ 設定日期顯示格式

Excel 中的「日期」為一特定格式，由「常用」標籤按下「數值」群組中的 🔲 鈕，切換到「數值」標籤，選擇「日期」類別，即可選擇日期的類型。

▶ 新增格式化規則

此功能是設定當儲存格內的資料達到某一條件時，就自動更換成設定的格式，以達醒目標示的作用。

Step 01 請由「常用」標籤按下「設定格式化的條件」鈕，並下拉「新增規則」指令。

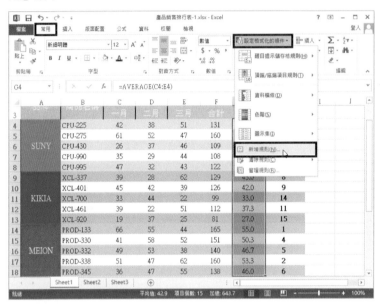

Step 02 設定條件後，按「確定」鈕離開，如此一來，符合條件的儲存格數值都套上設定的格式了。

▶ 醒目提醒儲存格規則

「格式化儲存格」是將儲存格設定指定的條件，當儲存格內容符合這些條件，就以設定的儲存格格式顯示，用意在提醒儲存格的特殊。

Step 01 選取儲存格範圍後，由「常用」標籤按下「設定格式化的條件」鈕，再下拉「醒目提示儲存格規則／大於」指令。

Step 02 輸入數值標準，按「顯示為」清單鈕選擇儲存格格式，再按「確定」鈕離開。

A-1-4 工作表資料整理實用功能

▶ 尋找目標文字

「尋找」功能可在一堆資料中，找出特定的文字或字 。

Step 01 由「常用」標籤的「尋找與選取」鈕，下拉選擇「尋找」指令。

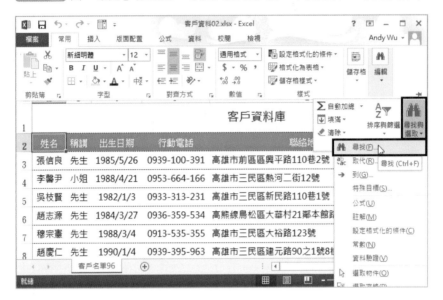

Step 02 輸入尋找目標，按「找下一個」繼續尋找。如此一來，工作表內隨即將搜尋到的儲存格變為作用中的儲存格。

除了單純文字的搜尋外，如果要設定搜尋目標的格式、範圍…項目，可按下「選項」鈕。

▶ 取代目標文字

當資料清單中的某一字彙需要更改時，使用「取代」功能可快速且毫無遺漏的更改所有資料。由「常用」標籤的「尋找與選取」鈕，並下拉選擇「取代」指令。出現如圖視窗時，輸入尋找目標及取代文字，按「找下一個」繼續尋找，當找到要取代的資料時，按下「取代」鈕即可取代。

▶ 匯入文字檔

Step 01 遇到文字類型的檔案，不用重新將資料輸入成 Excel 檔案，可先選取儲存格後，由「資料」標籤按下「從文字檔」鈕。

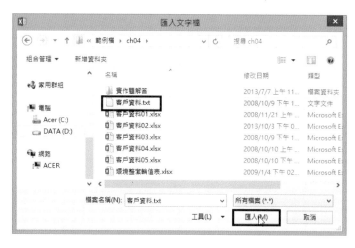

Step 02 檔案類型設為所有檔案 (或文字檔)，選擇文字檔後按下「匯入」鈕。

Step **03** 選擇「分隔符號」選項，從第一筆資料開始匯入，按「下一步」鈕。

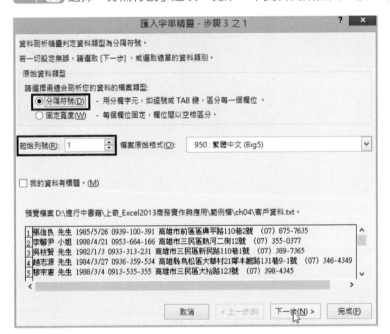

Step **04** 選擇使用「Tab 鍵」，按「下一步」鈕。

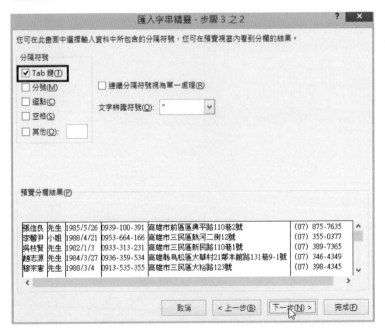

Step 05 選取第 3 欄，將欄位格式改為日期，按「完成」鈕。

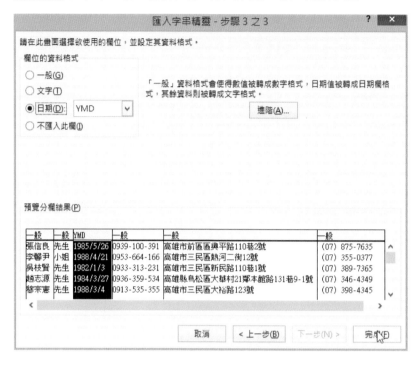

Step 06 確認匯入資料開始接續的位置，按下「確定」鈕。

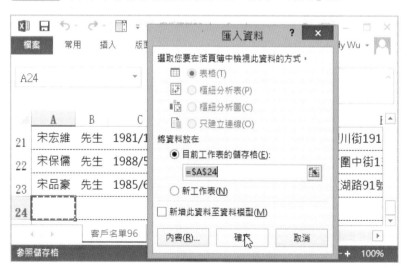

▶ 儲存格顯示與隱藏

完成工作表內容後，發現有些儲存格內容不適合或不方便顯示出來，卻因捨不得刪除或有其存在必要時，可使用隱藏儲存格功能，將不想顯示出來的儲存格隱藏。

選取要隱藏的儲存格（整列或整欄）後，由「常用」標籤按下「格式」鈕，再下拉「隱藏列」指令。

取消隱藏儲存格

選取隱藏儲存格的上方與下方列（整列）並按下滑鼠右鍵，執行「取消隱藏」指令。

▶ 移除重複

兩份檔案資料要整理成同一工作表，最麻煩的工作大概就是找出資料重複的部分加以刪除，而「移除重複」功能可快速比對工作表的資料，將重複的部分自動刪除。

Step 01 由「資料」標籤按下「移除重複」鈕。

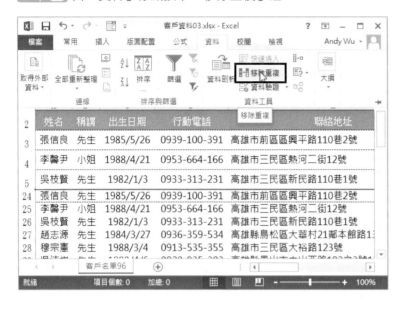

Step 02 使用預設的重複條件（全部標題），按下「確定」鈕。

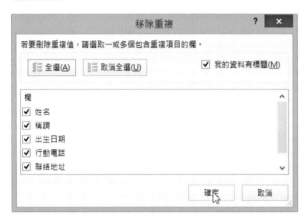

Step 03 顯示被移除的相關資訊，按「確定」鈕離開即可。

A-2 資料整理相關公式與函數

在職場上，不管是人資、會計或總務的管理，經常都會運用到公式或函數的運算。像是會計帳務系統、薪資計算管理、進銷存管理、資產管理、股務管理…等，在在都需要運用到公式與函數。本章節除了解說函數的意義與語法外，並列出引數用法，期望各位都可以輕鬆使用這些函數。

A-2-1 公式與函數應用

▶ 公式輸入

在 Excel 中，不論是使用公式或函數來計算儲存格的數值結果，都必須先輸入「=」做為開頭。

	A	B	C	D	E	F
4		CPU-225	42	38		=C4+D4+E4
5		CPU-275	61	52	47	
6	SUNY	CPU-430	26	37	46	
7		CPU-990	35	29	44	
8		CPU-995	47	32	43	

▶ 設定儲存格的相對參照位址

當複製儲存格的公式到其他儲存格上時，若使用「相對參照位址」，則目地儲存格公式內容中的儲存格位址會跟著改變。請拖曳 F4 儲存格的填滿控點至 F8，並將其自動填滿設定為「填滿但不填入格式」。複製 F4 儲存格的內容，但 F8 儲存格的公式內容與 F4 的不同，列號隨著複製目地儲存格而改變。

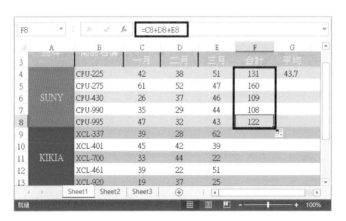

▶ 設定儲存格的絕對參照位址

使用「絕對參照位址」，目地儲存格公式內容中的儲存格位址不會改變。

Step 01 如圖所示，將 F4 儲存格公式內容的參照位址全變為絕對參照位址。

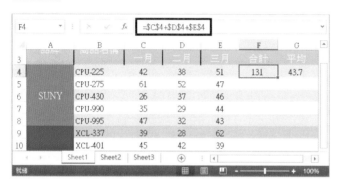

Step 02 複製 F4 儲存格的公式至 F5:F8，儲存格公式皆未改變。

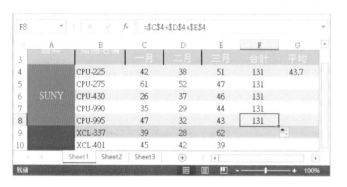

📖 資訊小幫手

變更絕對參照位址

要將儲存格位址加上「$」符號變為絕對參照位址，可將插入點移到公式內容的儲存格位址上，並按「F4」鍵，即可將原本為 C4（相對參照位址）的參照位址變為 C4（絕對參照位址）。每按一次 F4 鍵，儲存格位址就會跟著變。

▶ 設定儲存格的混合參照位址

假如是「混合參照位址」，就只有套上「$」符號的欄名或列號的參照位址不會跟著改變。

Step 01 先將 F4 儲存格公式內容的參照位址更改如圖。

F4		:	×	✓	fx	=C$4+$D4+$E4		

	A	B	C	D	E	F	G	H
3		商品名稱	一月	二月	三月	合計	平均	排名
4		CPU-225	42	38	51	131	43.7	
5		CPU-275	61	52	47			
6	SUNY	CPU-430	26	37	46			
7		CPU-990	35	29	44			
8		CPU-995	47	32	43			
9		XCL-337	39	28	62			
10		XCL-401	45	42	39			

Sheet1　Sheet2　Sheet3　　⊕

就緒　　　　　　　　　　　　　　　　　　　　　　　100%

Step 02 複製 F4 儲存格的公式至 F5:F8，未套上 $ 的列號皆改變。

F8		:	×	✓	fx	=C$4+$D8+$E8		

	A	B	C	D	E	F	G	H
3		商品名稱	一月	二月	三月	合計	平均	排名
4		CPU-225	42	38	51	131	43.7	
5		CPU-275	61	52	47	141		
6	SUNY	CPU-430	26	37	46	125		
7		CPU-990	35	29	44	115		
8		CPU-995	47	32	43	117		
9		XCL-337	39	28	62			
10		XCL-401	45	42	39			

Sheet1　Sheet2　Sheet3　　⊕

就緒　　　　　　　　　　　　　　　　　　　　　　　100%

▶ 函數輸入

函數除了可簡化單純使用運算子計算儲存格數值的公式外，還可計算出更為複雜的運算內容。函數共由三個部份組合而成，分別是函數名稱、括號與引數。在 Excel 中，不論使用公式或函數來計算儲存格的數值結果，都必須先輸入「=」做為開頭。

A-2-2 常用資料整理入門函數

▶ AVERAGE() 函數

語法：AVERAGE(number1:number2)

說明：計算出引數串列中數值的平均值。

引數說明：number1,number2…為用來計算平均值的 1 到 30 個引數數值。引數
內容必須是數字或是含有數字的陣列或參照位址。

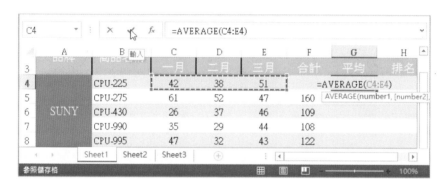

▶ SUM() 函數

語法：SUM(number1:number2)

說明：計算出引數串列中數值的總和。

引數說明：number1,number2…為用來計算總和的 1 到 30 個引數數值。引數內
容可以是數值、邏輯值或參照位址。

Step 01 點選儲存格並由「公式」標籤按下「插入函數」鈕，即可開啟「插入函數」對話框。選擇 SUM 函數，按下「確定」鈕。

Step 02 按下按鈕選擇 Number1 的引數內容。

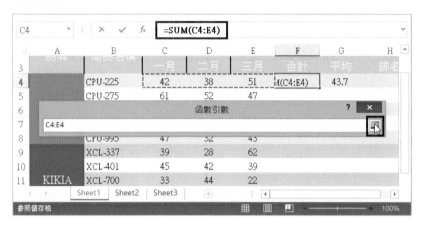

▶ RANK.EQ() 函數

語法：RANK.EQ (Number,Ref,Order)

說明：RANK.EQ () 函數主要是用來計算某一數值在清單中的順序等級。

引數說明：

* **Number**：判斷順序的數值。
* **Ref**：判斷順序的參照位址，若非數值則會被忽略。
* **Order**：用來指定排序的方式。若輸入數值「0」或忽略，則以遞減方式排
  序；若輸入數值非「0」，則以遞增的方式來進行排序。

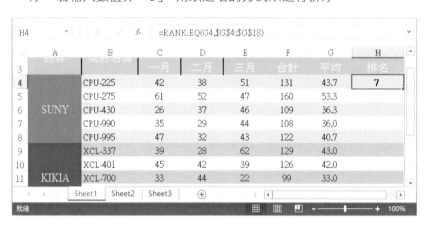

⊙ COUNTIF() 函數

語法： COUNTIF(Range,Criteria)

說明： 計算儲存格範圍內符合搜尋篩選條件的儲存格個數。

引數說明：「Range」引數表示篩選的儲存格範圍，而「Criteria」引數表示要搜尋的條件式，可為數字、表示式或文字。

Step 01 選取儲存格後，由「公式」標籤按下「函數程式集」鈕，下拉選擇「統計／COUNTIF」指令。

Step 02 由視窗中輸入引數的範圍與條件。

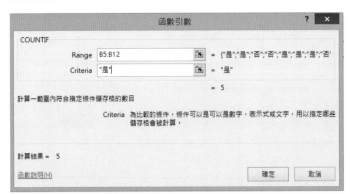

▶ AND() 函數

語法：AND(Logical1, Logical2,…)

說明：函數裡如果所有的引數都是 TRUE 就傳回 TRUE；若有一或多個引數是 FALSE 則傳回 FALSE。

引數說明：Logical1, Logical2：欲測試的 1 到 30 個條件，可能是 TRUE 或 FALSE。

公式為：「IF(AND(年資 <1, 是否參加 ="是"),3000,0)」，意思是假如 AND (年資 <1, 是否參加 ="是") 的條件成立，就在作用儲存格填入 3000，條件不成立就填入 0。內部 AND 函數的意思為年資必須小於 1 且參加意願也必須等於"是"才能成立。

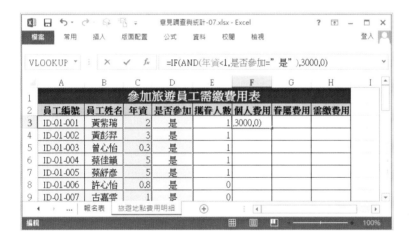

▶ IF() 函數

語法：IF(logical_test,value_if_true,value_if_false)

說明：檢視是否符合某一條件，若是（即 TRUE）則傳回某值；若不是（即 FALSE）則傳回另一個值。

引數說明：

- logical_test：用來計算為 TRUE 或 FALSE 的任意值或運算式。
- value_if_true：當 logical_test 為 TRUE 時所傳回的值，若省略，則傳回 TRUE。
- value_if_false：當 logical_test 為 FALSE 時所傳回的值，若省略，則傳回 FALSE。

Step **01** 由「公式」標籤按下「插入函數」鈕,使開啟「插入函數」視窗。選擇「邏輯」的類別,並點選「IF」函數。

Step **02** 輸入如圖的引數內容,按下「確定」鈕離開。

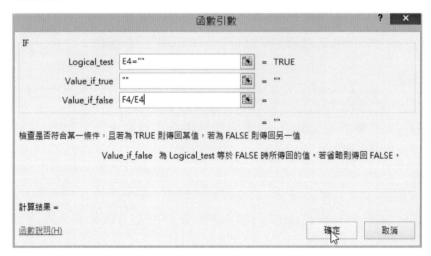

▶ SUMIF() 函數

語法：SUMIF(Range,Criteria,Sum-range)

說明：對儲存格範圍中符合某特定篩選條件的儲存格進行加總。

引數說明：

- Range：儲存格範圍。
- Criteria：用以判斷是否要列入計算的篩選條件，可以是數字、表示式或文字。
- Sum-range：實際要加總的儲存格，若忽略此引數則以儲存格範圍為加總對象。

Step 01 選取儲存格後，由「公式」標籤按下「數學與三角函數」鈕，下拉選擇「SUMIF」函數。

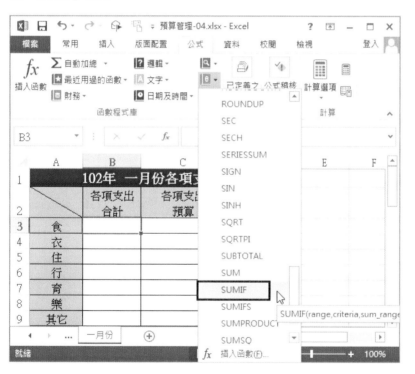

Step 02 依序輸入相關引數內容,最後按下「確定」鈕。

A-2-3 合併彙算

▶ 合併彙算

當要執行加總、平均、乘積…等運算的儲存格數值位於不同的工作表上時,「合併彙算」可快速計算出合併欄位內所要計算的數值結果。

Step 01 先選定要做合併彙算的儲存格,由「資料」標籤按下「合併彙算」鈕。

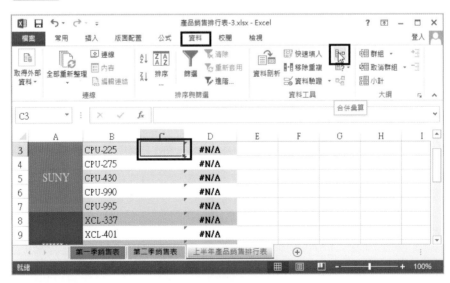

Step 02 選擇「加總」的函數類別，依序將選取的參照位址，透過「新增」鈕新增至「所有參照位址」欄位中，按下「確定」鈕即可完成設定。

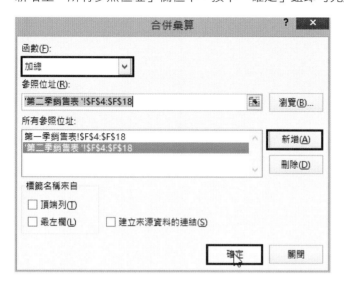

▶ 手動更新合併彙算內容

合併彙算更新內容的方式分為二種，一種為手動更新，另一種為自動更新。要手動更新，請由「資料」標籤按下「合併彙算」鈕，當開啟「合併彙算」對話框後按下「確定」鈕即可完成。

◉ 自動更新合併彙算內容

自動更新必須於「合併彙算」視窗中勾選「建立來源資料的連結」項目,當修改參照位址中的儲存格數值時,就會於合併彙算結果欄位中自動更改為正確的結果。

A-3 資料排序與資料篩選

在業務推廣與行銷方面,資料的排序與篩選經常被運用。因為除了可以了解產品的銷售情形與排名外,也可以了解業務人員的績效,而設定排序後,還能透過「小計」功能來了解每樣產品的銷售情況。此章節除了介紹常用的排序技巧外,針對各種的篩選方式也多做說明,讓各位可以輕鬆篩選出所要的資訊。

A-3-1 資料排序

▶ 資料排序

點選要排序欄位的任一儲存格，由「資料」標籤中點選「從 A 到 Z 排序」鈕，可讓最小值出現在欄的頂端，若按下「從 Z 到 A 排序」鈕，可讓最大值出現在欄的頂端。

▶ 建立排序順位

要將資料依指定的項目作排序，可由「資料」標籤按下「排序」鈕，使開啟「排序」視窗。

Step 01 由下方設定排序條件。如需新增多個排序方式，請按下「新增層級」鈕。

Step 02 以同樣方法新增多個排序條件，設定完成按下「確定」鈕離開即可。

⊙ 刪除排序層級

如果想要取消某一個排序條件，只需選取該條件並按下「刪除層級」鈕即可。

A-3-2 資料篩選

▶ 自動篩選資料

Step 01 由「資料」標籤點選「篩選」鈕,每個欄位上都出現了「自動篩選」鈕。

Step 02 下拉篩選鈕,可直接篩選符合某一個條件的資料。

▶ 進階篩選

Step 01 按下篩選下拉鈕後，會依照儲存格數值格式不同出現「文字篩選」或「數字篩選」指令，在此可設定更為進階的篩選設定。例如執行「前 10 項」指令，將會產生「自動篩選前 10 項」對話視窗。

Step 02 如選擇「數字篩選 / 自訂篩選」或「文字篩選 / 自訂篩選」指令，則會出現「自訂自動篩選」視窗，讓使用者自行訂定條件。

▶ 清除所有篩選條件

如果已經設定多個篩選條件，要一次清除所有的篩選條件，則由「資料」標籤
按下「清除」鈕。

▶ 顯示全部資料

如果想要顯示全部資料，只要按下篩選的下拉鈕，並選擇「清除篩選」指令，
或重新勾選「全部」資料即可。

Note

讀者回函

讀者回函

感謝您購買本公司出版的書，您的意見對我們非常重要！由於您寶貴的建議，我們才得以不斷地推陳出新，繼續出版更實用、精緻的圖書。因此，請填妥下列資料(也可直接貼上名片)，寄回本公司(免貼郵票)，您將不定期收到最新的圖書資料！

購買書號： 書名：

姓　　名：_____

職　　業：□上班族　　□教師　　　□學生　　　□工程師　　□其它

學　　歷：□研究所　　□大學　　　□專科　　　□高中職　　□其它

年　　齡：□10~20　　□20~30　　□30~40　　□40~50　　□50~

單　　位：_____　部門科系：_____

職　　稱：_____　聯絡電話：_____

電子郵件：_____

通訊住址：□□□ _____

_____

您從何處購買此書：

□書局 _____　□電腦店 _____　□展覽 _____　□其他 _____

您覺得本書的品質：

內容方面：　□很好　　　　□好　　　　□尚可　　　　□差

排版方面：　□很好　　　　□好　　　　□尚可　　　　□差

印刷方面：　□很好　　　　□好　　　　□尚可　　　　□差

紙張方面：　□很好　　　　□好　　　　□尚可　　　　□差

您最喜歡本書的地方：_____

您最不喜歡本書的地方：_____

假如請您對本書評分，您會給(0~100分)：_____ 分

您最希望我們出版那些電腦書籍：

您有寫作的點子嗎？□無　□有　專長領域：_____

請將您對本書的意見告訴我們：

歡迎您加入博碩文化的行列哦！

請沿虛線剪下寄回本公司

博碩文化網站 http://www.drmaster.com.tw

221

博碩文化股份有限公司　產品部

新北市汐止區新台五路一段 112 號 10 樓 A 棟

如何購買博碩書籍

全 省書局

請至全省各大書局、連鎖書店、電腦書專賣店直接選購。

（書店地圖可至博碩文化網站查詢，若遇書店架上缺書，可向書店申請代訂）

信 用卡及劃撥訂單（優惠折扣 85 折，未滿 1,000 元請加運費 80 元）

請於劃撥單備註欄註明欲購之書名、數量、金額、運費，劃撥至

帳號：17484299　戶名：博碩文化股份有限公司，並將收據及

訂購人連絡方式傳真至 (02) 26962867。

線 上訂購

請連線至「博碩文化網站 http://www.drmaster.com.tw」，於網站上查詢

優惠折扣訊息並訂購即可。

信用卡 CREDIT CARD
專用訂購單

※優惠折扣請上博碩網站查詢，或電洽 (02)2696-2869#307
※請填妥此訂單傳真至(02)2696-2867或直接利用背面回郵直接投遞。謝謝！

一、訂購資料

	書號	書名	數量	單價	小計
1					
2					
3					
4					
5					
6					
7					
8					
9					
10					
			總計 NT$		

總　計：NT$＿＿＿＿＿＿＿　X 0.85 ＝折扣金額 NT$＿＿＿＿＿＿＿

折扣後金額：NT$＿＿＿＿＿＿＋掛號費：NT$＿＿＿＿＿＿＿

＝總支付金額 NT$＿＿＿＿＿＿＿＿　※各項金額若有小數，請四捨五入計算。

「掛號費 80 元，外島縣市100 元」

二、基本資料

收 件 人：＿＿＿＿＿＿＿＿＿＿　生日：＿＿＿年＿＿＿月＿＿＿日

電　　話：(住家)＿＿＿＿＿＿＿　(公司)＿＿＿＿＿＿＿　分機＿＿＿

收件地址：□□□ ＿＿＿＿＿＿＿＿＿＿＿＿＿＿＿＿＿

發票資料：□ 個人（二聯式）　□ 公司抬頭/統一編號：＿＿＿＿＿＿＿

信用卡別：□ MASTER CARD　□ VISA CARD　□ JCB卡　□ 聯合信用卡

信用卡號：□□□□□□□□□□□□□□□□

身份證號：□□□□□□□□□□

有效期間：＿＿＿＿年＿＿＿月止（總支付金額）

訂購金額：＿＿＿＿＿＿＿元整

訂購日期：＿＿＿年＿＿＿月＿＿＿日

持卡人簽名：＿＿＿＿＿＿＿＿＿＿＿＿（與信用卡簽名同字樣）

黏 貼 處

✄請沿虛線剪下寄回本公司

221

博碩文化股份有限公司　業務部
新北市汐止區新台五路一段 112 號 10 樓 A 棟

如何購買博碩書籍

全 省書局

請至全省各大書局、連鎖書店、電腦書專賣店直接選購。

（書店地圖可至博碩文化網站查詢，若遇書店架上缺書，可向書店申請代訂）

信 用卡及劃撥訂單（優惠折扣 85 折，未滿 1,000 元請加運費 80 元）

請於劃撥單備註欄註明欲購之書名、數量、金額、運費，劃撥至

帳號：17484299　戶名：博碩文化股份有限公司，並將收據及

訂購人連絡方式傳真至 (02)26962867。

線 上訂購

請連線至「博碩文化網站 http://www.drmaster.com.tw」，於網站上查詢

優惠折扣訊息並訂購即可。